职业技能培训教材

泌乳顾问

MIRU GUWEN

人力资源社会保障部教材办公室 组织编写

中国劳动社会保障出版社

图书在版编目（CIP）数据

泌乳顾问 / 人力资源社会保障部教材办公室组织编写. -- 北京：中国劳动社会保障出版社，2023

ISBN 978-7-5167-5702-4

Ⅰ.①泌… Ⅱ.①人… Ⅲ.①泌乳-工作人员-职业培训-教材 Ⅳ.①Q492.7

中国国家版本馆 CIP 数据核字（2023）第 011407 号

中国劳动社会保障出版社出版发行

（北京市惠新东街 1 号　邮政编码：100029）

*

北京市科星印刷有限责任公司印刷装订　　新华书店经销

787 毫米 ×1092 毫米　16 开本　14.25 印张　220 千字
2023 年 2 月第 1 版　2023 年 2 月第 1 次印刷
定价：58.00 元

营销中心电话：400-606-6496
出版社网址：http://www.class.com.cn

版权专有　　侵权必究
如有印装差错，请与本社联系调换：（010）81211666
我社将与版权执法机关配合，大力打击盗印、销售和使用盗版图书活动，敬请广大读者协助举报，经查实将给予举报者奖励。
举报电话：（010）64954652

编写指导委员会

主　任　成家树　王建六　王山米　王立新

副主任　唐祖玉　夏琦怡　陈文山　姜　梅　梁淑芳

　　　　李晓丹　徐素珍　张谦慎　樊曦涌　张　坚

　　　　郝徐杰　邹东生　徐迎娜　苏正驰　王海燕

本教材编写人员

主　编　邱慧敏　余婉玲

参　编　刘国莉　李　森　张　洁　温传艳　曾笑怡

　　　　林嘉莉　卢静华　刘　萍　刘倩婷　辛永健

　　　　李　贞　冯建刚　苏　云

序言

研究表明，母乳是婴儿的理想食物，能满足0~6个月婴儿生长发育的全部营养，其中许多营养元素是动物奶、配方奶等无法替代的。通常用母乳喂养，能够增强婴儿的免疫力和智力，减少猝死、肥胖和患过敏性疾病的概率，也为改善母婴健康打下了坚实的基础。

中国优生优育协会自20世纪90年代起，就大力倡导并长期推行母乳喂养，对我国社会提高母乳喂养意识、普及母乳喂养知识、增进母婴群体健康起到了重要作用。2021年11月，国家卫生健康委、人力资源社会保障部等15个部门联合印发《母乳喂养促进行动计划（2021—2025年）》，提出到2025年，家庭母乳喂养核心知识知晓率达到70%以上，家庭成员母乳喂养支持率达到80%以上，全国6个月内纯母乳喂养率达到50%以上等具体目标，同时明确了母乳喂养促进工作的任务和要求。

开展母乳喂养宣传教育，培养高级母乳喂养咨询指导专业人才，为全社会持续提供专业咨询和服务，是推进母乳喂养促进行动计划实施的重要举措。《泌乳顾问》职业技能培训教材，以从业人员道德为基础，在泌乳功能和母乳喂养作用、母乳喂养行为准则和评估、哺乳期常见问题、泌乳问题辅助手法和中医技术方法等方面，融入国际前沿知识和传统中医手法，全面解析了泌乳的各种问题及实用解决方法,旨在提高从业人员"动口咨询"技巧和"动手实践"能力。可以说,这本教材用先进理论、前沿科技、丰富经验,为从业人员提供了专业指导,为婴儿和生育家庭带来福音,对于促进我国优生优育优教人才队伍建设和《母乳喂养促进行动计划(2021—2025年)》有效实施都具有重要意义。

中国优生优育协会会长

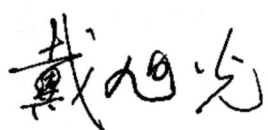

前言

为贯彻落实《"健康中国 2030"规划纲要》《健康中国行动（2019—2030年）》《母乳喂养促进行动计划（2021—2025 年）》等相关精神，传播科学的母乳喂养知识，普及母乳喂养核心要义，满足社会对高阶母乳哺育指导人才需求，推动泌乳顾问从业人员培训工作的开展，人力资源社会保障部教材办公室组织有关专家编写了《泌乳顾问》职业技能培训教材。

本教材结合岗位工作实际编写，内容上体现"以职业活动为导向，以职业能力为核心"的指导思想。借鉴了国际前沿的母乳喂养循证研究，由知名医院产科、儿科、乳腺科、中医科专家，及资深国际认证泌乳顾问等专家共同完成本教材编写。从泌乳顾问基本理论、基础知识、基本技能三个方面，围绕泌乳顾问的核心胜任力内容进行编写，保证本教材具有科学性、先进性、实用性、启发性、完整性和系统性。

本教材在编写过程中得到了中国留学人才发展基金会、中国优生优育协会、中国生命关怀协会、北京大学人民医院、喂爱工程医院志愿服务基地、北京曼萨国际教育文化传播中心、北京市西城区金童职业技能培训学校等单位的大力支持与协助，在此一并表示感谢。

内容简介

本书主要内容包括泌乳顾问道德与素养、乳房解剖结构与泌乳功能、母乳喂养对母婴健康的好处、产后初期的母乳喂养、母乳喂养行为规范与增加泌乳量的方法、评估母乳喂养和婴幼儿发育、职场母亲母乳喂养与婴儿添加辅食、哺乳期乳房与乳头常见问题、母婴患病时的母乳喂养、母婴特殊情况下的母乳喂养、常见泌乳问题辅助手法与评估、促进泌乳的中医技术方法等。

本书是泌乳顾问从业人员职业技能培训用书,也可作为国际认证泌乳顾问IBCLC考试参考用书,还可供希望获得专业泌乳知识和技能提高的母乳喂养高阶从业人员、临床工作者、哺乳母亲参考或使用。

目录

第一章　泌乳顾问道德与素养 …………………………………… 1
　　第一节　泌乳顾问道德与岗位认知 ………………………… 1
　　第二节　泌乳顾问执业守则 ………………………………… 5
　　第三节　泌乳顾问沟通素养 ………………………………… 8

第二章　乳房解剖结构与泌乳功能 ……………………………… 24
　　第一节　乳房解剖结构 ……………………………………… 24
　　第二节　乳房发育 …………………………………………… 28
　　第三节　乳房的泌乳阶段与泌乳量调控机制 ……………… 30

第三章　母乳喂养对母婴健康的好处 …………………………… 34
　　第一节　母乳的合成及成分 ………………………………… 34
　　第二节　母乳喂养对母婴的益处 …………………………… 39
　　第三节　母乳喂养对家庭及社会的益处 …………………… 43

第四章　产后初期的母乳喂养 …………………………………… 45
　　第一节　母乳喂养的开始 …………………………………… 45
　　第二节　母婴肌肤接触 ……………………………………… 47
　　第三节　哺乳母亲的营养需求与饮食禁忌 ………………… 48
　　第四节　产后抑郁症及其护理 ……………………………… 51

第五章　母乳喂养行为规范与增加泌乳量的方法 ……………… 58
　　第一节　母乳喂养行为规范 ………………………………… 58
　　第二节　婴儿的状态与夜间哺乳 …………………………… 60

　　　　第三节　增加泌乳量的方法 …………………………………… 64

第六章　评估母乳喂养和婴幼儿发育 ……………………………………… 69
　　　　第一节　收集并记录母乳喂养信息 …………………………… 69
　　　　第二节　观察哺乳 ……………………………………………… 73
　　　　第三节　足月婴幼儿的生长曲线图与发育 …………………… 76

第七章　职场母亲母乳喂养与婴儿添加辅食 ……………………………… 80
　　　　第一节　职场母亲的母乳喂养 ………………………………… 80
　　　　第二节　挤奶与储存 …………………………………………… 83
　　　　第三节　离乳和添加辅食 ……………………………………… 90

第八章　哺乳期乳房与乳头常见问题 ……………………………………… 95
　　　　第一节　哺乳期乳房常见问题 ………………………………… 95
　　　　第二节　哺乳期乳头常见问题 ………………………………… 99
　　　　第三节　其他乳房与乳头问题 ………………………………… 104

第九章　母婴患病时的母乳喂养 …………………………………………… 106
　　　　第一节　母亲患病时的母乳喂养 ……………………………… 106
　　　　第二节　患病婴儿的母乳喂养 ………………………………… 123

第十章　母婴特殊情况下的母乳喂养 ……………………………………… 134
　　　　第一节　母亲在特殊情况下的母乳喂养 ……………………… 134
　　　　第二节　婴儿在特殊情况下的母乳喂养 ……………………… 138
　　　　第三节　母乳库和母乳共享 …………………………………… 148

第十一章　常见泌乳问题辅助手法与评估 ………………………………… 152
　　　　第一节　常见泌乳问题辅助手法 ……………………………… 152
　　　　第二节　泌乳问题辅助手法评估 ……………………………… 156

第十二章　促进泌乳的中医技术方法 ……………………………………… 159
　　　　第一节　中医学相关知识 ……………………………………… 159
　　　　第二节　中医经络腧穴定位 …………………………………… 180
　　　　第三节　刺激泌乳量的中医手法 ……………………………… 196
　　　　第四节　中草药与食疗催乳应用 ……………………………… 209

第一章 泌乳顾问道德与素养

第一节 泌乳顾问道德与岗位认知

一、泌乳顾问道德

职业道德是从事一定职业的人们,在工作或劳动过程中所应遵循的,与其职业活动密切相关的习惯、信念和行为规范的总和,是在职业生活中处理和协调人与人、人与社会、人与自然关系的道德准则。

泌乳顾问具有良好道德是做好工作的基础,要从本岗位特点出发,从服务态度、服务意识、服务质量、服务水平等方面提高自我,遵守爱岗敬业、服务群众、奉献社会、诚实守信、礼貌待人、遵纪守法等行为准则。学习和掌握道德的基本知识,对于泌乳顾问从业人员提高自身素质、增强职业活动中的竞争力、得到社会认可、实现自身价值具有重要作用。

泌乳顾问是为母婴服务的,直接面对的服务对象为哺乳母亲和婴儿,需要处理好自己与服务对象之间的关系,承担社会赋予的责任。由此可见,道德是泌乳顾问从业人员必须具备的素质和掌握的基本知识,是泌乳顾问从业人员人文素养的核心,道德水平不仅会影响到从业人员工作质量的优劣和工作水平的高低,还直接关系到哺乳母亲和婴儿的身心健康与家庭幸福。

二、泌乳顾问岗位认知

1. 发展背景

母乳喂养是产妇分娩后将乳汁通过乳房亲喂的方式输送到新生儿口中的过程。母乳喂养在全球范围内都是一项基本公共卫生保健措施,不仅保障婴儿营养全面,而且降低各种短期或长期的疾病风险,促进婴儿大脑发育,具有重要的医疗和经济学价值。对于母亲而言,母乳喂养能够促进孕期代谢改变的恢复,是预防肥胖、乳腺癌、卵巢癌等慢性非传染性疾病的重要措施。

全世界各国家和地区在提高母乳喂养率方面都进行了很长时间的实践探索。20世纪80年代中期国外出现了以支持并帮助母乳喂养为职责的专业泌乳顾问,围绕母婴需求提供专业化服务。随后二十多年,全球专业泌乳顾问数量迅速增加,并出现了需要经过严格考核认证的国际认证泌乳顾问(IBCLC,International Board Certified Lactation Consultant),她们提供母乳哺育、健康照护服务,是全球母乳喂养领域顶级的专业人员,在支持家庭成功实现母乳喂养中扮演指导角色。经过几十年的发展,世界卫生组织、联合国儿童基金会以及许多国家和地区相继肯定了国际认证泌乳顾问。目前,全世界100多个国家和地区有数万名国际认证泌乳顾问,泌乳顾问取得的证书被全世界70多个保险制度认可,并支付其专业咨询费用。

中华民族有着非常悠久的母乳喂养文化和传统,母乳喂养深入人心,但近年来母乳代用品的宣传,使女性母乳喂养意愿下降。为适应新时期对母乳喂养专业人才的需要,借鉴国际前沿的母乳哺育人才培养模式和经验,在中国留学人才发展基金会母婴健康公益项目部的支持下,中国优生优育协会、中国生命关怀协会母婴童健康与教育专业委员会、北京大学人民医院、首都医科大学附属北京妇产医院等机构的专家,结合我国国情,共同参与制定了我国认证泌乳顾问(CBCLC,Chinese Board Certified Lactation Consultant)培训标准,为传播母乳喂养科学知识,促进母乳喂养咨询指导和服务人才队伍建设并与国际接轨起到重要作用。

2. 岗位定位

中国泌乳顾问,是以国际认证泌乳顾问职业为参照,运用循证的生理、解剖、心理、营养、中医以及婴幼儿发展等相关科学知识，通过评估、沟通指导、辅助工具和中医手法等技术和方法，解决哺乳期乳少、乳汁淤积、乳头疼痛、婴儿衔乳欠佳、婴儿拒绝乳房等母乳喂养问题，并制定泌乳指导策略的高级母乳喂养专业人员。

泌乳顾问的工作重点是解决与哺乳相关的问题以及与婴儿喂养相关的健康问题，评估母婴双方在喂养过程中的状态，提出专业性建议，帮助家庭实现母乳喂养目标。

专业的泌乳顾问日益成为服务母婴、母乳喂养的中坚力量，母乳喂养家庭、医院、助产机构、社区等也越来越需要更多泌乳顾问提供母乳喂养的临床指导、健康教育培训等专业服务。

3. 工作内容

泌乳顾问的主要工作包括如下内容。

（1）评估哺乳母亲和婴儿的哺乳问题。

（2）帮助哺乳母亲分析自身情况，制定可行的哺乳策略。

（3）提供建议性方案，引导哺乳母亲做出最适合自己的决定。

（4）运用各种哺乳工具和辅助手法进行临床指导。

（5）指导和解决涵盖孕期、围产期、产后、离乳期的母乳喂养问题。

（6）提供上门访视指导或电话咨询指导。

（7）组织开展产前及产后母乳哺育宣教与培训。

（8）对各种母乳喂养相关设备提供专业建议。

4. 岗位性质

（1）提供专业的服务。泌乳顾问提供的信息和建议大多基于循证的研究和多年的临床实践，其工作内容只针对泌乳领域，对哺乳母亲有信服力和积极的影响力。如果母婴的哺乳问题还涉及其他医疗领域，泌乳顾问则应建议"及时转介、配合治疗"。

（2）服务的时效性。哺乳问题的解决效果和哺乳母亲的满意度与泌乳顾问服务的时效性密切相关。比如，哺乳母亲的乳房疼痛很可能与婴儿奶量摄入不足同时出现，由于母乳喂养关系到母婴双方，一旦出现的问题得不到及时有效解决，就很容易错过哺乳母亲泌乳的关键期，后期难以达到最大的泌乳量，婴儿的体重增长和发育也会因此受到一定影响。泌乳顾问的服务要有时效性，即要求能第一时间通过面对面、线上等多种沟通方式，以累积的丰富母乳喂养知识和经验，及时为母婴解决问题。

（3）提升哺乳母亲的自信心。泌乳顾问在咨询工作中尊重哺乳母亲的意愿，不会替代哺乳母亲做出决定，而是以顾问的角色与其讨论问题，帮助订立并执行适合她的哺乳目标，从顾问的角度充分解释相关的益处和风险，提升解决哺乳问题的自信心。

（4）成为医护团队和社区服务的一员。成功的母乳喂养需要医护团队、泌乳顾问、家人、哺乳母亲、社区和母乳喂养支持团体等的帮助。当面对复杂的母乳喂养问题时，泌乳顾问要及时转介给专业医护人员做进一步的检查或治疗；还应将哺乳母亲介绍到社区或志愿者的母乳喂养支持团体中，从其他哺乳母亲那里获得经验的分享和情感的支持。实践证明，这种多学科领域专家和社会力量的协作，能有效促进母婴长期持续的母乳喂养。哺乳母亲不会独自面对母乳喂养，泌乳顾问是陪伴哺乳母亲从分娩后哺乳伊始到离乳期的良师益友。

5. 成为合格泌乳顾问的要求

泌乳顾问作为母乳喂养领域的专业人士，有一定的职业门槛，从而保证其提供的信息符合医学科学，能提供高质量、满足母婴需求的临床服务。成为一名合格的泌乳顾问，需要满足以下几方面的要求。

（1）了解相关医学基础知识，包括医学遗传学、人体解剖学、人体生理学、生物学、婴幼儿生长发育护理、婴幼儿心理健康、营养学、人际沟通技能、社会医学、临床医学研究、急救护理学、医学概述和医学护理、相关医学文献、卫生专业人员的职业安全、卫生专业人员的职业道德、通用安全预防和感染控制等方面知识。

（2）系统掌握泌乳专业知识和技能，可通过参加专业的母乳喂养讲座等学习以获得规定的学分。

（3）充分运用所学的泌乳知识，完成一定课时数的临床实践。

（4）通过泌乳顾问统一考试，成为一名合格的泌乳顾问。

（5）定期参加泌乳顾问继续教育学习，更新专业知识。

第二节 泌乳顾问执业守则

一、关爱母婴，爱岗敬业

泌乳顾问作为朝阳性岗位，专业的指导和服务有利于提高中国的母乳喂养率以及下一代儿童的身体素质和心理健康水平，是一项有着重大社会意义的工作。泌乳顾问的服务对象是哺乳母亲和婴儿，应该关爱哺乳母亲和婴儿，不得在年龄、身体状况、民族、宗教、文化习俗等方面有所歧视。产后哺乳母亲处在情绪波动比较大的时期，面对哺乳困难，信心不足、焦虑、悲观的情绪比较常见，产后抑郁、焦虑等一系列负面情绪会抑制催产素的释放，使泌乳素水平降低、泌乳量减少，导致哺乳母亲放弃母乳喂养的可能性增加，因此要给哺乳母亲提供心理支持。泌乳顾问对哺乳母亲进行有效的心理疏导是重要的服务技巧。当面对因遇到哺乳问题出现心烦意乱、身体疲劳、情绪非常脆弱的哺乳母亲时，泌乳顾问需要从哺乳母亲的角度来看待目前母乳喂养所面对的困难，以服务的心态，运用心理支持技术，通过倾听、共情、赋能等技巧支持、肯定她现在已经在努力做的事情，为其提供一个安全的心理环境，建立彼此信任的关系，让哺乳母亲可以放心地表达忧虑，从而获得继续母乳喂养的信心和勇气。

热爱和追求岗位的社会价值，是职业道德观念的核心，也是敬业精神的基础。爱岗敬业是指泌乳顾问要热爱母婴健康事业，对促进母乳喂养事业怀有极大的热情和崇敬，只有"爱岗"才能"敬业"，才能对哺乳母亲认真负责，具有服务意识和奉献精神，具有责任心与操守。泌乳顾问在为家庭咨询服务过程中要为从业行为负责，为哺乳母亲和婴儿进行专业全面的母乳喂养评估，充分考虑母婴双方的健康状况及当下所面临的母乳喂养困难，始终以维护母婴健康为出发点，保持谨慎、科学、慎行的态度。

二、遵纪守法，文明执业

遵纪守法是对每一名公民的基本要求，也是每一位泌乳顾问从业人员必须具备的最基本的道德要求。泌乳顾问在提供服务的过程中，不得以任何形式伤害哺乳母亲和婴儿，要始终以促进母婴身心健康为宗旨，尊重哺乳母亲家庭文化习俗；要树立法律观念和风险防范意识，学会自我保护；要掌握良好的沟通技巧，进行有效沟通；要严格遵守泌乳顾问的职业服务范围，对于超出哺乳指导范围的、涉及诊断、用药、医疗的问题，需要及时转介医护人员，切勿大包大揽，对母婴健康造成影响，引发不必要的法律纠纷。

文明执业是社会主义职业道德的必然要求，也是自我发展的客观需要，泌乳顾问需要不断提高个人修养，文明礼貌地对待哺乳母亲和婴儿。泌乳顾问要确保本人身心健康，只有在从业过程中拥有健康、乐观、积极的身心状态，才能维护母婴健康。泌乳顾问生病期间应避免开展入户咨询服务，还应该购买相应商业意外保险，保证自身在工作过程中的安全。

三、热情周到，优质服务

泌乳顾问工作时面对的服务对象为哺乳母亲，这就要求泌乳顾问以饱满的热情投入工作，在服务过程中要乐观开朗，有爱心和亲和力，态度认真，不断提高自身修养，对生活和工作抱有积极乐观的心态。

提供优质服务，就要求泌乳顾问要有服务哺乳母亲的意识，以哺乳母亲为中心，对哺乳母亲关心和体贴，全心全意为她们服务，让她们充分享有安全感和信任感。

泌乳顾问在工作中扮演着咨询与教练的双重角色。在咨询方面，要尊重哺乳母亲意愿，为哺乳母亲提供咨询与心理支持，避免把自己的想法强加在哺乳母亲身上，不强迫、不批判、不指责，为哺乳母亲提供最适合的信息，帮助哺乳母亲一起找出母乳喂养的困难所在，协商出适合且力所能及的方案，并通过后续跟踪协助哺乳母亲顺利解决问题以实现母乳喂养目标。

教练的角色主要是帮助哺乳母亲掌握母乳喂养的技能。母乳喂养是母亲的本能，但是母乳喂养的技能需要学习才能掌握。泌乳顾问需要帮助母婴相互熟悉、配合，面对比较复杂的情况，泌乳顾问需要用更长的时间来收集资料，并观察母婴互动，从而进行综合分析，找到根本原因，形成有针对性的解决方案，并帮助哺乳母亲熟练掌握这些技能。例如，教会哺乳母亲如何用手挤奶以及如何正确使用吸奶器吸奶等。

四、勤奋好学，精益求精

泌乳顾问要紧跟时代的步伐，不断更新人类泌乳的相关知识和研究成果，在母乳喂养专科领域，通过参加学术论坛、讲座和培训课程等方式继续学习，丰富母乳喂养及相关知识，有助于在遇到哺乳难题时提供更多的解决思路与方法，提高解决问题的能力。

人类泌乳与母乳喂养是一门新型学科，需要综合掌握产科、儿科、乳腺科、口腔科、中医、心理、营养、保健护理等多学科的知识。泌乳顾问只有不断地完善专业知识储备、更新理念、积累实践操作的经验，才能日益提升服务水平和自身素质，在从业过程中运用专业的母乳喂养知识和婴儿喂养技巧，传播正确的理念，给哺乳母亲提出实用、可行的指导性建议，努力把咨询服务做到精益求精。

五、尊重客户，诚实守信

诚实守信是做人的根本，是优良的工作作风。做事先做人，对哺乳母亲真诚，是泌乳顾问重要的行为准则。当服务过程中遇到不了解的医学知识、不确定的问题时，应诚恳地如实告知，请她咨询相关领域的医护人员。如果答应为哺乳母亲查找相关资料，就要信守承诺，及时查询信息并答复，用诚信和专业打造服务的口碑。

在客户服务过程中，若根据哺乳困难实际需要推荐相关的喂哺工具（吸奶器、乳房加奶器等）时，应提供这类商品的全部品牌产品，并把每种工具的特点及使用的必要性向哺乳母亲解释清楚，避免在从业过程中受到不当商业利益的影响，推销不必要的产品、设备等。

泌乳顾问要尊重客户，保护母婴的隐私，对于服务过程中获取的客户有关信息，要严格保密，不得随意泄露，不得未经哺乳母亲同意，随意拍照、录视频。

六、角色清晰，管理期望

泌乳顾问在提供咨询时，需要以母婴和家庭为中心，始终清晰定位自己的角色。母乳喂养成功，泌乳顾问只是外因，哺乳母亲发挥主动性，积极学习、练习才是关键。泌乳顾问要在母乳喂养过程中进行全程的母乳喂养管理，例如新生儿出生后1h内，泌乳顾问需要尽早对哺乳母亲进行评估，手把手教会哺乳母亲正确的哺乳姿势，避免乳头疼痛；对于母婴分离的家庭，需要教会手挤奶以及收集初乳的方法，帮助哺乳母亲启动泌乳的机制；针对产假结束后需上班背奶的女性，在适宜的时机进行宣教，教会哺乳母亲通过记录泌乳日志的方法来监测自己的泌乳量及婴儿体重，每周至少测一次体重，发现问题及时咨询泌乳顾问，并根据实际做出调整，以保证泌乳量能够满足不同阶段婴儿健康发育的需要。以上这些技能的熟练掌握都需要哺乳母亲自己付出积极的努力。

合理管理哺乳母亲的期望值，提高哺乳母亲的满意度。每个母乳喂养案例和处境都是独一无二的，每位哺乳母亲都有不同的哺乳目标，来向泌乳顾问寻求帮助的目的不同，期望值也就不同，很多遇到问题的家庭都急于快速解决问题，对咨询的服务抱有过高的期望，泌乳顾问应通过沟通给哺乳母亲以合理的期望值，能有效避免哺乳母亲失望的情况，提供预期指导协助哺乳母亲达到她的哺乳目标。泌乳顾问应评估潜在的或现有的可能影响哺乳母亲达到母乳喂养目标的因素，利用现有资源协助和支持其制订、实施一个合适的、可接受的并且能够实现的母乳喂养计划。

第三节　泌乳顾问沟通素养

一、选用适合的沟通方式

泌乳顾问的咨询服务主要通过和哺乳母亲的充分沟通完成，因此，选用适合双方的沟通方式，对解决母乳喂养问题显得尤为重要。通常咨询服务有面对面指导和电话、语音、视频在线指导等多种形式，多数情况下泌乳顾问需要把这些方式结合起来使用。面对面指导可以更直接地观察母婴的互动方式、母乳喂养的姿势、婴儿含接的有效性等，有助于对喂养过程中存在的问题进行准确、客观地评估。线上指导有助于让哺乳母亲困惑的问题及时得到专业解答。

1. 面对面指导

面对面指导适用于泌乳顾问在医院床旁指导、门诊咨询或上门服务等。

根据哺乳母亲的需要，泌乳顾问要提前合理安排时间，携带可能用到的哺乳用品，如乳头保护罩（见图1-1）、乳房保护罩、哺乳辅助工具（见

图1-2）、乳房模型、婴儿体重秤、工作服和咨询记录表等，准时到达约定地点进行指导。

图1-1 乳头保护罩

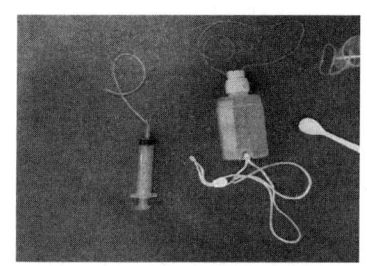

图1-2 哺乳辅助工具

泌乳顾问若上门服务，入户后应穿一次性鞋套，开始工作前，亲切地问候哺乳母亲和她的家人，简单做自我介绍，经过允许后进入卫生间更换工作服，准备好咨询需要用到的物品。对婴儿可以给予特别的关心，例如询问并一直称呼婴儿的小名，肯定见到的婴儿的特征，如说"笑了""看着我呢"，这样会获得哺乳母亲的信任和好感。

2. 电话、语音、视频在线指导

在线指导适用于泌乳顾问面对面指导后的跟踪回访或因时间、地点的不便而进行的初步专业指导。

泌乳顾问在对哺乳母亲进行在线指导过程中，要特别注意发音清晰、声调柔和、语气诚恳，尽管彼此没有见面，也要让哺乳母亲感受到泌乳顾问对她的关怀。在进行在线指导时，要选择重点内容进行沟通，例如分娩及产后的哺乳经历、目前面临的主要问题、有哪些身体不适的症状等。沟通时，泌乳顾问可以让哺乳母亲复述一遍问题，避免理解有误。

二、运用专业咨询方式解决哺乳问题

泌乳顾问在为哺乳母亲咨询和指导过程中，咨询的能力和技巧直接影响到服务的效果。为了帮助哺乳母亲了解科学的母乳喂养信息，树立克服困难的信心，并在知情下做出适合的决定，泌乳顾问的咨询工作需分为以下7个步骤。

1. 倾听与积极回应

泌乳顾问在为哺乳母亲进行咨询服务时，需要有意识用更多时间专注地倾听其表述，展现出对其观点的尊重和感受的共情，这样有助于哺乳母亲阐述清楚她的深层想法，泌乳顾问也能更全面地了解母婴哺喂情况、母婴健康状况以及母乳喂养所面临的实际困难。

（1）积极聆听。泌乳顾问先认真倾听，然后将理解的哺乳母亲表述的含义解读一遍，让哺乳母亲确认解读是否正确，以此来确保听懂了哺乳母亲的想法。例如回应哺乳母亲，"您的意思是说，当您刚开始哺乳时，乳头会痛，过了几分钟，疼痛有所缓解，是吗？"

（2）同理感受。同理哺乳母亲的感受，产生共情，往往能让其体会到泌乳顾问从情感上对她的理解，从而为下一步解决哺乳问题奠定良好的信任基础。泌乳顾问可以通过以下的方法表达对哺乳母亲的同理心：在用心倾听了哺乳母亲的描述后，用自己的语言表达出她的心情和感受，帮助她舒缓紧绷的情绪，并探寻潜在的信息。例如，"您好像很担心婴儿没吃饱，会影响到他的生长发育，那您知道怎么样来判断婴儿究竟有没有吃饱吗？"带着这样感同身受的回应去聆听哺乳母亲的弦外之音，泌乳顾问就能传递出关心她的困难和感受的真诚之意。

2. 聚焦值得探寻的问题

（1）用开放式问法来获取信息。首先，泌乳顾问通过提出开放式的问题，了解哺乳母亲的基本喂养情况，然后针对具体哺乳问题一起讨论解决的办法。

开放式的问题通常用"为什么""怎么样""如何"等提出，例如，"您这一整天是如何给婴儿喂奶的呢？""您喂奶时乳房有什么样的感觉？"这种提问方式还可以在哺乳母亲谈到不相关的话题时，引导她回到原来的主要问题上，例如，"刚刚说到……，您能说说为什么要那么做吗？"这样开放式的交流不仅开拓了哺乳母亲的思路，鼓励她主动表达出感受，也能使泌乳顾问更全面地掌握婴儿的喂养情况。

（2）用封闭式问法来确认信息。封闭式的提问往往以"是""不是""有""没有"等简单的答案为基础来提出问题。成人往往不擅长在开放式的问话中积极倾听他人的想法，而是更倾向于在封闭式的问题中带着自己的主见去印证或否定他人的想法，这不仅限制了哺乳母亲对自己哺乳问题的思路，还使泌乳顾问无法更全面地了解问题的细节。泌乳顾问首先要学习用开放式的思维和提问去倾听、接纳哺乳母亲的想法，使其敞开心扉，接纳我们的想法和建议。在开放式交流之后,再用封闭式问法来确认哺乳母亲的实际情况和准确信息,这有助于泌乳顾问有清晰的思维来分析和解决复杂的泌乳问题。例如泌乳顾问询问哺乳母亲"您是否给婴儿使用过奶瓶?""在产后第一小时有和新生儿进行皮肤接触吗?""您的乳房曾经做过手术吗?"等。

3. 引导哺乳母亲达成方案

随着咨询的进一步深入,泌乳顾问在初步体察到哺乳母亲的实际困难和疑虑后,应主动引导她相信现在的状况会改善,将正面的前景一步一步传达给她,让她知道心情会随着困难逐步化解而好转,进而有意愿去寻求进一步的帮助,这时泌乳顾问就可以和哺乳母亲讨论解决的方法,指导其掌握解决问题的能力。

例如,泌乳顾问解释说:"在乳房肿胀缓解后,您就会感觉舒服很多。"哺乳母亲随之会问:"那怎么样能让乳房消除肿胀呢?"这时就是提出解决方法的好时机。泌乳顾问可以提出建议,如"您可以尝试增加哺乳的次数,在婴儿含接前用反式按压的手法把乳晕变软些,使婴儿可以更深地衔乳,吸出更多的乳汁,乳房肿胀就会慢慢消退"。

4. 鼓励哺乳母亲实践和总结

泌乳顾问在和哺乳母亲的合作、信任关系建立后,要充分利用哺乳母亲善于观察婴儿的特点,从天然母性的角度出发,鼓励她共同商讨、解决问题。解决的办法控制在三个以内,避免让哺乳母亲感到压力太大,可以询问"我们刚才谈了一些可以试试看的方法,您觉得哪几个比较适合您和宝宝呢?",然后泌乳顾问请她复述一下这些方法的具体内容,确保她的理解和自己的提议是一致的。

计划的施行还要有时效性,这样在后续追踪时就能确认计划是否有效、是否需要重新拟订。每一种方法泌乳顾问都要和哺乳母亲明确施行多长时间后看它的效果,如果不向哺乳母亲解释清楚这样做是暂时的,她可能就会一直做下去,甚至到离乳为止。

5. 传授解决哺乳问题的手法和技能

泌乳顾问想要确保咨询服务取到良好的效果,还需要综合使用各种技能并根据哺乳母亲的需要传授给她们,如母婴的综合评估、哺乳母亲的心理疏导、哺乳姿势的调整、喂养辅助工具的使用方法、促进泌乳和解决乳房问题的手法、中医穴位按摩技术等，并根据不同的情况组合使用各种技术。

例如哺乳母亲早产，根据婴儿的情况需要母婴分离治疗，在这种情况下，泌乳顾问需要指导哺乳母亲产后 2 h 就要开始按压乳房乳晕部，挤出几滴乳汁，用注射器将乳汁收集起来，及时送到早产儿婴儿室，涂抹到婴儿口中。为了达到最大的泌乳量，泌乳顾问要教授哺乳母亲学会用手挤奶的手法，同时指导她每 2 h 挤奶一次，将乳汁放在冷藏室，以避免发生生理性乳房肿胀。因没有婴儿的充分吸吮，需要教哺乳母亲一些促进泌乳的方法，如采用乳房按摩手法，再配合中医穴位按摩，可以充分刺激泌乳。

6. 及时转介复杂泌乳问题

泌乳顾问当遇到复杂的问题时，要评估案例情况是否超出自己的工作范围或能力水平，尤其是哺乳母亲的问题需要医疗诊断或治疗时，或需要更富有经验的泌乳顾问指导时，要明确建议母亲尽快就医或转诊，以免耽误病情。但要注意，并不是转诊后泌乳顾问就完成工作了，而是要继续配合相应的医疗或专业人员给出的方案和哺乳母亲沟通下一步的哺乳计划。

7. 保持后续跟踪随访

母乳喂养从开始到离乳的整个过程，哺乳母亲和婴儿都可能面临各种困难与挑战，泌乳顾问能长期提供专业、持续、高效的母乳喂养指导极为重要。因此，泌乳顾问在面对面指导或线上咨询结束后，要将哺乳母亲的喂养情况和实施计划记录在案，以备后续跟踪。

后续跟踪是咨询过程的重要组成部分，因为哺乳母亲开始尝试新的母乳喂养方法时缺乏信心和经验，遇到一点小的挫折就很容易放弃，泌乳顾问需要和哺乳母亲保持频繁地沟通，肯定她做得对的地方，解答她困惑的问题，根据她的具体情况和接受程度灵活调整计划，协助她顺利度过困难阶段。例如，哺乳母亲和家人面对早产儿出院后的母乳喂养时，经常会遇到各种疑问，泌乳顾问要及时随访，详细解答有关早产儿出院后养育问题的疑问，有效帮助早产儿母乳喂养的顺利过渡。

后续跟踪可以是提供线上指导，但面对复杂困难时还需要约定后续的面对面指导。泌乳顾问要继续遵循"多则惑、少则得"的给予信息的原则，每一次跟踪服务时都不要给予过多的信息，否则不利于哺乳母亲一次消化理解与执行。泌乳顾问应根据哺乳母亲的实际情况，评估哪些信息急切需要传递给她，哪些可以放到下一次指导中再详谈实施。

并不是每一位哺乳母亲都能侃侃而谈或清晰地叙述问题，不是每一位哺乳母亲都愿意学习新知识、新技能，也不是每一位母亲都容易接纳他人的建议。泌乳顾问在咨询服务过程中，如何熟练运用上述的咨询策略和技巧，如何用大爱之心去接纳他人，都需要长期的实践摸索。

三、鼓励哺乳母亲的家人支持母乳喂养

母乳喂养不仅是哺乳母亲的决定，还需获得家人的支持和帮助，才能成功实现。泌乳顾问在为哺乳母亲提供咨询服务时，也需要和其家人交流，以良好的态度参与讨论，同心同力去协助哺乳母亲克服母乳喂养的困难。泌乳顾问与哺乳母亲的家人达成信任与合作关系的影响因素如下。

1. 与哺乳母亲的家人沟通时态度良好

泌乳顾问的工作不仅需要与哺乳母亲交流，还要与其家人打交道，这就要求泌乳顾问不断提高自身的语言表达能力及沟通技巧。例如，泌乳顾问要礼貌并且正确地称呼哺乳母亲的家人，在不清楚家庭关系时妄自猜测称呼，不仅不会拉近距离，反而会造成不必要的尴尬。

泌乳顾问与哺乳母亲及其家人交谈时，要经常正视对方的双眼，做到友好热情、亲切自然、自信大方、以诚相待、实事求是，以取得哺乳母亲及其家人的信任及与配合。

2. 尊重哺乳母亲的家人和照顾者

泌乳顾问要具备察言观色的能力，对周围的人和事保持敏锐的观察，不仅能自信地陈述想法和意见，还能体察到他人的感受和接受程度，尊重哺乳母亲的家人。这样泌乳顾问就能和哺乳母亲及其家人建立起和谐信任的沟通氛围，确保指导服务的有效实施，最终惠及母婴健康。

如果哺乳母亲家里请了月嫂、育儿嫂等照顾者，泌乳顾问一定要尊重她们，肯定她们的工作；如果在母乳喂养方面存在分歧，要进行友好的交流。泌乳顾问与其他母婴健康的照顾者之间不是竞争关系，而是按专业和职业分工的不同，一起为母婴服务的专业人员。

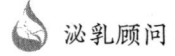

3. 巧妙化解观念分歧

哺乳母亲的家人和照顾者可能会有一些母乳喂养与育儿的误区，和泌乳顾问的建议存在分歧。例如，乳房小就可能没什么奶，婴儿哭闹肯定是没有吃饱，每天必须喝大量汤水才能催乳，纯母乳喂养的婴儿也需要喂水等。

面对分歧，泌乳顾问要用宽阔的胸怀去倾听，尊重对方想法的同时，用专业知识分享建议。例如，很多乳房小的母亲通过更频繁地哺乳，奶量也足够婴儿吃；婴儿哭闹，可能是因为没有吃饱，也可能是因为其他需求没有得到满足，所以需要我们花时间和精力慢慢弄清楚婴儿哭闹的具体原因。这样求同存异的话术既尊重了对方，也给予了对方时间去反思不同之处。

4. 促进哺乳母亲与家人之间相互理解

女性产后因为激素水平的变化，经常会表现出焦虑、担心、低落的情绪。家人往往不理解，觉得哺乳母亲过于娇气，出于传统思维，还可能会对哺乳母亲的泌乳量产生担心。泌乳顾问可以向家人解释哺乳母亲情绪变化的生理原因，大部分是暂时的，偶尔的情绪不佳不会影响到泌乳量，如果家人多给予理解、关怀和帮助，哺乳母亲的压力也会随之减小，将非常有利于长期维持充足的泌乳量。

同时，泌乳顾问也需要引导哺乳母亲正确看待家人的疑虑，解释母乳分泌的基本原理，共情家人担忧婴儿生长发育的心情，从而帮助哺乳母亲和家人构建起坦诚交流、和谐共处的母乳喂养家庭氛围。

5. 指导和鼓励婴儿的父亲积极参与

婴儿的父亲对照顾婴儿的参与是十分重要的。泌乳顾问通过指导婴儿的父亲和婴儿做肌肤接触、安抚哭闹的婴儿、更换纸尿裤、照顾婴儿睡眠等，鼓励父亲参与育儿，这样不仅增加了婴儿的父亲对育儿的参与感，促进了与婴儿的情感交流，还让哺乳母亲有充足的时间休息、放松和调整。

四、开展专业母乳喂养宣教

宣传母乳喂养是泌乳顾问的重要工作职责，不仅可以惠及母婴双方，还能普及整个社会。宣教可以根据不同人群开展，主要分为产前和产后的母乳喂养科学教育。

1. 产前孕育指导，提前宣教母乳喂养

在产前教育方面，泌乳顾问应承担孕育指导的角色，为孕妇及其家庭普及母乳喂养知识。泌乳顾问可以通过开展孕教课堂，给孕妇宣教母乳喂养的科学知识，指导基本的母乳喂养技能，消除常见的误区，提升母乳喂养的自我知觉，做好心理准备；让孕妇提前熟悉自己的身体、乳房和母乳喂养的姿势，增强母乳喂养的信心，减轻压力。

泌乳顾问提供完善的母乳喂养产前教育，保证哺乳母亲可以在充分知情下做出正确的选择，进而为她及其家庭制订母乳喂养计划，为产后顺利母乳喂养、达到喂养目标打下坚实基础。

2. 产后母乳喂养宣传与专业指导

泌乳顾问的工作重心是产后母乳喂养的教育和实践指导（见图1-3），也可以为有特殊需求的母乳喂养家庭开展针对性的专业宣教指导。例如，培训早产儿家庭相关母乳喂养的护理要点，包括挤奶和储存母乳的方法，协助哺乳母亲让早产儿在乳房上非营养性吸吮，锻炼早产儿的口腔吸吮能力，评估早产儿吸吮、吞咽以及呼吸的协调性，指导早产儿家庭做袋鼠式护理，教授哺乳母亲使用各种哺乳姿势等。泌乳顾问提供的这些专业教育，可以有效地帮助早产儿家庭实现母乳喂养的顺利过渡。

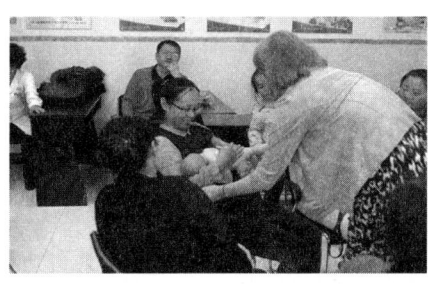 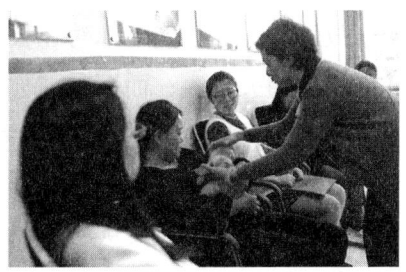

图1-3　产后母乳喂养的教育和实践指导

3. 具备母乳喂养宣教的知识和技能

（1）具有系统专业的知识储备。母乳喂养和人类泌乳学科领域涉及妇产科、儿科、乳腺科、内科、中医科、营养学、心理学、社会学、统计学等各个学科的知识，泌乳顾问应博学多识，向孕产妇展现出丰富实用的知识储备。因此，泌乳顾问应接受系统的培训，持续地学习、积累国内外母乳喂养的最新实证资料和临床经验，同时泌乳顾问还要拥有惠及他人的大爱，对母婴事业倾情投入。

（2）制作生动的专业课件。一个生动简洁的课件展示，能成功吸引哺乳母亲的注意力，让她在产后实际操作时更加得心应手。

课件是讲课内容的一个简单框架，始终扮演着助手的角色，辅助泌乳顾问完整地表达思路，也让哺乳母亲清楚地了解核心内容。所以在编写课件内容时，泌乳顾问要使用通俗易懂的语言，突出内容重点，多使用图形、表格来形象地展示复杂的内容，少使用术语，用到的专业词汇要解释清楚。泌乳顾问制作课件时，还需要有一个开阔、完整的思路，查找、收集最新且循证科学的母乳喂养资料。

（3）把握成人教育的原则。哺乳母亲的学习属于成人的学习模式，泌乳顾问要遵循成人教育的原则，讲课时不是照本宣科，而是用自然生动、相互交流的方式讲解内容，引导她们积极参与学习活动，产生最好的学习效果。

泌乳顾问应尊重成人学习者不同的学习方式，教学方式要有弹性，在合适的时机展示有针对性的材料，或是设计不同的情境模式，这样才能最大限度地适应不同哺乳母亲的理解能力。

经常在课堂上提问，可以了解哺乳母亲对知识的理解能力，鼓励她们去主动思考。这种教学技巧有助于哺乳母亲保持听课的兴趣和参与度。课堂提问时多提出开放式的问题，如"你对在公共场所喂母乳怎么看"，这样哺乳母亲可以叙述更多的相关内容；而不是"你能接受在公共场所喂母乳吗"，将答案局限于"是"或"否"，泌乳顾问也就无法更多地了解学员的想法。

对于哺乳母亲的参与和回答，泌乳顾问要抱有开阔的胸怀，倾听各种各样的回应。宣教过程应让学员从泌乳顾问这里感受到她提出的想法和建议是被鼓励的，充分体现出教学模式的互动性。泌乳顾问可以用不表态的语言反馈，如"这是个不错的主意，我以前没有听说过"；也可以鼓励哺乳母亲再多说一些，阐明想法，如问"您能详细说说怎么判断孩子饿了吗"。如果一位学员说出了正确答案，泌乳顾问应及时给予肯定，必要时做一些解释，以确保在场的每个人都能理解。另外，还要给不善发言的学员提供合适的参与机会。

（4）运用多种教学方式。泌乳顾问以讲授的方式为主传授知识，并结合多感官的互动教学模式，可增强学员的学习效果，在有限的时间内，将重要的母乳喂养知识有效地传授给她们。泌乳顾问运用多种感官教学的方法融入教学当中，讲解知识的同时，调动学员的视觉、听觉，帮助她们听懂、看明白并进行理解记忆，确保教学过程更具有交流性、参与度和趣味性。

1）形式多样。例如，讲授孕期乳房的变化与泌乳过程时，增加一些乳房增大的视频；讲授吸奶器的使用时，准备足够的教具使学员学会如何操作吸奶器；教授哺乳姿势时，可以让每位学员用乳房模型和婴儿模型模拟正确的哺乳姿势，并一一进行矫正。这些方法都会给学员留下深刻的印象，成为她们进一步学习、实践的驱动力。

2）言传身教。泌乳顾问可以在教室安置好示范床、椅，准备好所有的教具并集中摆放在一起。为确保学员能听懂教授的知识，看清楚母乳喂养实操动作，泌乳顾问可以和学员近距离地依次边示范动作边讲解。讲解的语速适度放慢些，内容条理要清晰有逻辑，然后让她们练习讲授过的实操技巧。这样学员经过亲手操作，会将知识结合着动作画面深深刻入脑中。

3）分组教学。每6~10名学员分为一组，以小组的形式讨论问题、实操练习或角色扮演。例如了解学员的喂养情况、练习用手挤奶等。

4）互动提问。在每次讲课中间或结尾时，可以留出一些时间让学员提出疑问，泌乳顾问可以直接回答，或是鼓励其他学员回应，营造出活跃的现场气氛。

5）展现专业的授课风貌。泌乳顾问授课时要穿着干净、整洁、得体；和学员们经常目光接触，让她们感受到泌乳顾问的关注；保持微笑，展现出自信、亲和、幽默、热情、积极向上的精神风貌，进而影响到学员。泌乳顾问的发音吐字要清晰，音调起伏顿挫，再辅以自然、积极的肢体语言，展现出专业的讲师形象，如图1-4所示。

五、应掌握的基本礼仪

泌乳顾问注重仪容仪表、礼节礼貌，更容易取得哺乳母亲的尊重与接纳，与其建立起良好的人际关系，对服务的顺利进行有很大帮助。

1. 仪容仪表礼仪

一名合格的泌乳顾问要关注自己整体的仪容

图1-4 泌乳顾问专业授课

仪表礼仪，具体要求如下。

（1）面部洁净，需要时可化淡妆。

（2）头发干净整齐，发型大方，长发要盘起，无刘海，耳前无头发。

（3）勤修剪手指甲，保持洁净；手部皮肤要护理好，避免粗糙和干裂；不涂指甲油，不戴戒指、手镯、手表等手部饰品。

（4）每天沐浴，饭后漱口，保证身体、口腔无异味，进行指导前不食韭菜、榴莲等有异味的食物。

（5）上门服务要穿着适合工作性质的服饰，着装干净整洁，大方得体，避免暴露、紧身、艳丽的服饰及发饰，可戴耳钉，不戴耳环或贵重饰品。进行服务时需更换工作服。

（6）穿着平底鞋，鞋面必须整洁无污，入户时要套上鞋套。

2. 姿态礼仪

姿态礼仪的标准是站有站相、坐有坐相，举止端庄、落落大方。泌乳顾问具有大方、得体的仪态和放松、舒适的姿态，可营造和谐、亲切的氛围。

（1）社交距离。观察哺乳母亲的反应，找出彼此都感到舒适的距离，交谈中与哺乳母亲坐在同一高度或较低的位置，让哺乳母亲感到掌握控制权，增加她的自信和自主性。

（2）身体姿态。不同的身体姿态会体现出不同的含义，如手臂保持开放式姿态，表示愿意与哺乳母亲做更深刻的沟通，手臂交叉则相反。沟通时，泌乳顾问应身体略微倾向于对方，透露出关注的信号，表示热情和兴趣，更进一步传达接纳哺乳母亲任何想法的意愿。

（3）坐姿。泌乳顾问为哺乳母亲提供服务时大多采用坐姿，入座时动作要轻而缓，以端正的姿态坐着，身体不可前后左右摆动，不要跷二郎腿或抖腿，要并膝或小腿轻微交叉端坐，保持双脚平稳踏在地上。双手轻松地放于身体两侧或置于两膝上。

（4）站姿。站立时应挺直、舒展，给人一种端正、庄重的感觉。

（5）走姿。步伐要轻快不拖沓，不要将手插入裤袋或倒背着手走路。

3. 精神面貌

泌乳顾问在与哺乳母亲交往时，精神状态要保持平静、积极向上，体现出内在的气质、修养、情操和性格特征；表情要和蔼大方，经常面带微笑，让人感觉亲切可信。自我介绍时，可主动打招呼，说出自己的姓名、身份；和哺乳母亲交谈的过程中，手势、站姿、眼神、表情、语调都需要协调配合，给哺乳母亲带来舒服、自然、放松的感觉。

六、母乳喂养相关政策法规

泌乳顾问在从业过程中，需要掌握母乳喂养相关的政策法规等并在从业过程中严格遵守，了解每一项内涵以及与开展哺乳咨询的关系。每位妇女与婴儿都有母乳哺育的权利，泌乳顾问要在现行法律法规的框架下，切实保护、支持、促进、践行母乳喂养的推广。

1. 世界卫生组织促进母乳喂养成功的措施

世界卫生组织于2018年更新了保护、促进和支持母乳哺育的关键的管理规程和重要的临床实践，提供给服务哺乳母亲和新生儿的机构。

（1）关键的管理规程

1）完全遵守《国际母乳代用品销售守则》和世界卫生大会相关决议。

2）制定书面的婴儿喂养政策，并定期与员工及家长沟通。

3）建立持续的监控和数据管理系统。

4）确保工作人员有足够的知识、能力和技能以支持母乳喂养。

（2）重要的临床实践

1）与孕妇及其家属讨论母乳喂养的重要性和实现方法。

2）分娩后即刻开始不间断的肌肤接触，帮助哺乳母亲尽快开始母乳喂养。

3）支持哺乳母亲尽早开始母乳喂养，维持哺乳母亲喂养以及应对母乳喂养常见的困难。

4）除非有医学上的指征，否则不要为母乳喂养的新生儿提供母乳以外的任何食物或液体。

5）让母婴共处，并实行24 h母婴同室。

6）帮助哺乳母亲识别和回应婴儿需要喂食的表现。

7）为哺乳母亲提供关于奶瓶、人工奶嘴和安抚奶嘴使用和风险的相关指导。

8）出院协调，以便父母与其婴儿能够及时获得持续的支持和照护。

2.《国际母乳代用品销售守则》

《国际母乳代用品销售守则》是世界各国制定支持与推广母乳哺育公共卫

生政策的参考基准，促成各国政府通过相关立法。由于不当的食品营销方式极大地误导了产妇对最佳哺乳方式的选择，该守则及相关指南旨在终止各种不恰当推销婴幼儿食品的方式，营造一个有利的环境，使产妇能够根据客观信息，在不受商业广告的影响下，选择最佳的哺乳方式。

对泌乳顾问而言，只有深入理解《国际母乳代用品销售守则》的每项原则，才能在工作中避免不适当的商业利益冲突，切实保护母婴母乳喂养的权益。

《国际母乳代用品销售守则》包括以下10条内容。

（1）禁止对公众进行代乳品、奶瓶或橡皮奶头（以下简称产品）的广告宣传。

（2）禁止向产妇免费提供代乳品样品。

（3）禁止在卫生保健机构中使用这些产品。

（4）禁止公司向产妇推销这些产品。

（5）禁止向卫生保健工作者赠送礼品或样品。

（6）禁止以文字或图画形式宣传人工喂养，包括在产品标签上印婴儿的图片。

（7）向卫生保健工作者提供的资料必须具有科学性和真实性。

（8）有关人工喂养的所有资料包括产品标签都应说明母乳喂养的优点及人工喂养的代价与危害。

（9）不适当的产品（如加炼乳）不应推销给婴儿。

（10）所有的食品必须是高质量的，同时要考虑到使用这些食品的国家的气候条件及储存条件。

3. 我国母乳喂养相关政策法规

世界卫生组织向全世界推荐纯母乳喂养6个月，并在添加辅食的基础上继续母乳喂养到婴儿2岁甚至2岁以上。我国政府在保证母乳喂养的妇女相关权益方面有非常详细的政策法规，切实保护了哺乳期女性返回工作岗位后继续母乳喂养的权益。泌乳顾问要深入理解与母乳喂养相关的政策法规，为哺乳母亲和婴儿实现母乳喂养目标、获得合法的权益保障保驾护航。

（1）《中华人民共和国妇女权益保障法》。《中华人民共和国妇女权益保障法》第二十六条规定：任何单位均应根据妇女的特点，依法保护妇女在工作和劳动时的安全和健康，不得安排不适合妇女从事的工作和劳动。

第二十七条规定：任何单位不得因结婚、怀孕、产假、哺乳等情形，降低女职工的工资，辞退女职工，单方解除劳动（聘用）合同或者服务协议。但是，女职工要求终止劳动（聘用）合同或者服务协议的除外。

（2）《中华人民共和国母婴保健法》及其实施办法的相关内容

1)《中华人民共和国母婴保健法》第三章第十四条规定：医疗保健机构应当为育龄妇女和孕产妇提供孕产期保健服务。孕产期保健服务包括下列内容。

①母婴保健指导：对孕育健康后代以及严重遗传性疾病和碘缺乏病等地方病的发病原因、治疗和预防方法提供医学意见。

②孕妇、产妇保健机构：为孕妇、产妇提供卫生、营养、心理等方面的咨询和指导，以及产前定期检查等医疗保健服务。

③胎儿保健：为胎儿生长发育进行监护，提供咨询和医学指导。

④新生儿保健：为新生儿生长发育、哺乳和护理提供医疗保健服务。

2)《中华人民共和国母婴保健法实施办法》第三章第十八条规定：医疗、保健机构应当为孕产妇提供下列医疗保健服务。

①为孕产妇建立保健手册（卡），定期进行产前检查。

②为孕产妇提供卫生、营养、心理等方面的医学指导与咨询。

③对高危孕妇进行重点监护、随访和医疗保健服务。

④为孕产妇提供安全分娩技术服务。

⑤定期进行产后访视，指导产妇科学喂养婴儿。

⑥提供避孕咨询指导和技术服务。

⑦对产妇及其家属进行生殖健康教育和科学育儿知识教育。

⑧其他孕产期保健服务。

第四章第二十八条规定：国家推行母乳喂养。医疗、保健机构应当为实施母乳喂养提供技术指导，为住院分娩的产妇提供必要的母乳喂养条件。医疗、保健机构不得向孕产妇和婴儿家庭宣传、推荐母乳代用品。

第四章第二十九条规定：母乳代用品产品包装卷标应当在显著位置标明母乳喂养的优越性。母乳代用品生产者、销售者不得向医疗、保健机构赠送产品样品或者以推销为目的有条件地提供设备、资金和数据。

第四章第三十条规定：妇女享有国家规定的产假。有不满1周岁婴儿的妇女，所在单位应当在劳动时间内为其安排一定的哺乳时间。

（3）《女职工劳动保护特别规定》。第九条规定：对哺乳未满1周岁婴儿的女职工，用人单位不得延长劳动时间或者安排夜班劳动。用人单位应当在每天的劳动时间内为哺乳期女职工安排1 h哺乳时间；女职工生育多胞胎的，每多哺乳1个婴儿每天增加1 h哺乳时间。第十条规定：女职工比较多的用人单位应当根据女职工的需要，建立女职工卫生室、孕妇休息室、哺乳室等设施，妥善解决女职工在生理卫生、哺乳方面的困难。

（4）《中国儿童发展纲要（2021—2030年）》。党和国家高度重视妇女儿童工作，国务院此前先后制定实施了三个周期的儿童发展纲要。2021年9月，国务院印发了《中国儿童发展纲要（2021—2030年）》，提出70项主要目标和89项策略措施。

《纲要》指出，要关注儿童生命早期1 000天营养，开展孕前、孕产期营养与膳食评价指导。实施母乳喂养促进行动，强化爱婴医院管理，加强公共场所和工作场所母婴设施建设，6个月内婴儿纯母乳喂养率达到50%以上。普及为6月龄以上儿童合理添加辅食的知识技能等。

（5）《母乳喂养促进行动计划（2021—2025年）》。2021年11月，由国家卫生健康委员会等15个部门联合印发《母乳喂养促进行动计划（2021—2025年）》。

计划提出，到2025年，母婴家庭母乳喂养核心知识知晓率达到70%以上，公共场所母婴设施配置率达到80%以上。到2025年，推动形成政府主导、部门协作、全社会参与的母乳喂养促进工作机制，支持母乳喂养的政策体系、服务网络、场所设施更加完善。公众获取母乳喂养知识的渠道多样顺畅，健康素养明显提高，母乳喂养指导服务科学规范，母亲科学喂养主动行动，家庭成员和用人单位积极支持，母乳喂养率不断提升。

计划要求，保护哺乳期女职工权益，用人单位要切实落实女职工劳动保护相关规定，确保女职工享受产假、生育奖励假，合理安排哺乳期女职工的哺乳时间。对哺乳未满1周岁婴儿的女职工，用人单位应当在每天的劳动时间内为其安排1 h哺乳时间；女职工生育多胞胎的，每多哺乳1个婴儿每天增加1 h哺乳时间，哺乳时间视同提供正常劳动。用人单位不得因女职工哺乳降低其工资福利待遇、予以辞退或解除劳动（聘用）合同。加强行业监管，切实打击危害母乳喂养违法违规行为，禁止在大众传播媒介或者公共场所发布声称全部或者部分替代母乳的婴儿乳制品、饮料和其他食品广告等。

> **知识拓展**
>
> ## 喂爱工程
>
> **喂爱工程——中国大陆首家获得 IBLCE 认可的母乳支持辅导公益组织**
>
> "喂爱工程"于2016年5月，在中国留学人才发展基金会母婴健康发展公益专项基金支持下，由国内外众多知名母婴专家联合倡议发起，中国生命关怀协会母婴童健康与教育专业委员会进行组织管理的母乳喂养公益项目。"喂爱工程"旨在通过论坛讲座、医院志愿服务、健康科普教育以及"互联网+"等多种形式开展公益活动，传授母乳喂养知识和技能，提升我国母乳喂养水平，促进女性就业和创业，推动我国母婴健康事业进一步发展。
>
> 喂爱工程先后在北京大学人民医院等二十多家医院建立了志愿服务基地，开展母乳喂养宣教、哺乳支持等公益活动，受到广大母亲及家庭的高度好评。
>
> 鉴于喂爱工程开展母乳喂养公益活动的专业性，负责国际泌乳顾问认证的考试委员会（IBLCE）于2019年9月在其官方网站更新了全球各地区为IBCLC考试提供母乳支持辅导组织名单，首次将喂爱工程列入了全球几十个母乳辅导支持组织名单中，使"喂爱工程"成为中国大陆首家且目前唯一一家母乳支持辅导公益组织。

第二章
乳房解剖结构与泌乳功能

乳房是女性哺育下一代的重要器官,乳房的结构、大小、泌乳功能以及乳汁的多少对于哺乳母亲至关重要。泌乳顾问需要对乳房结构及乳汁的生成机理有深入的了解,才能在咨询过程中科学地解答哺乳母亲对于乳房和乳汁的疑惑,树立其母乳喂养的信心。

第一节 乳房解剖结构

一、乳房外观

1. 乳房位置和形状

发育正常的成年女性的乳房为一对对称性半球形房体,位于胸前两侧,其腺体组织主要分布于胸大肌外侧的胸壁浅筋膜的浅层与深层之间。乳房基底部从第2肋骨延伸至第6肋骨,内侧至胸骨旁线,外侧至腋中线,如图2-1所示。乳房外上象限的腺体组织向外上方延伸至腋窝称为腋尾,属于乳腺组织,有乳腺导管引流乳汁到乳头。

有些女性在腋前、腋下、乳房上下、腹部、腹股沟至大腿内侧的位置发现有部分腺体、乳头或乳晕的组织存在,称为副乳。这条线路我们称之为"浮线"或"奶线",如图2-2所示。有报道称极少数副乳会出现在"乳线"之外区域。

第二章 乳房解剖结构与泌乳功能

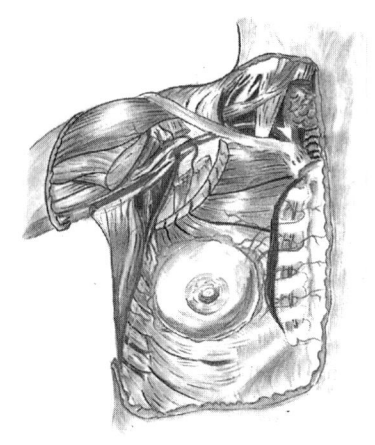

图 2-1 乳房位置

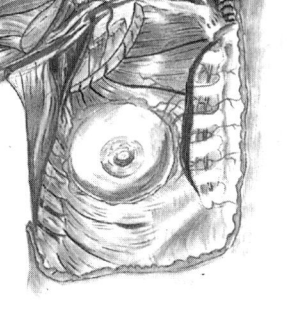

图 2-2 乳线及副乳

女性乳房外观会随着以下主要因素发生改变：怀孕次数、体质指数（BMI）、年龄、妊娠时的激素影响等，有些不良生活习惯还会导致乳房下垂，如吸烟、过度减肥等。老年妇女的乳房因乳腺组织萎缩退化，由脂肪组织和结缔组织取而代之，乳房外观出现明显的改变。

2. 乳房分区

可以用以下几种方法对乳房进行分区。

（1）象限分区法。象限分区法是以乳头为中心点，分内外：把更加靠近正中线（膻中穴）的一侧定为内侧，把远离正中线的一侧定为外侧；分上下：把乳头之上定为上侧，乳头之下定为下侧，将乳房划分为内上象限、内下象限、外上象限、外下象限4个区域，如图2-3所示。

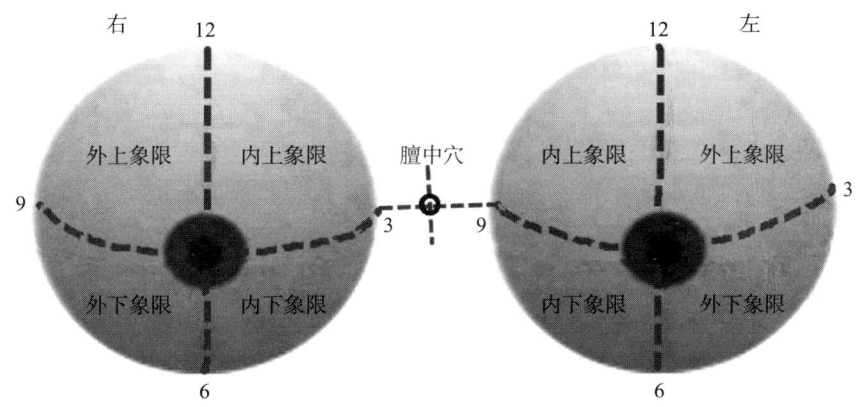

图 2-3 乳房象限分区示意图

（2）钟表分区法。钟表分区法是以乳头为中心点对应钟表表盘中心轴点，与时间点位的连线作为分区。

1）左侧乳房：12~3点方向为外上象限，3~6点方向为外下象限，6~9点方向为内下象限，9~12点方向为内上象限。

2）右侧乳房：12~3点方向为内上象限，3~6点方向为内下象限，6~9点方向为外下象限，9~12点方向为外上象限。

3. 乳头

（1）正常乳头。乳头由致密的结缔组织及平滑肌组成，当平滑肌遇到刺激收缩时，乳头勃起。乳头在哺乳时可以伸长至少两倍。乳头表面有4~18个输乳孔，部分与乳腺叶的导管连通，不连通导管的输乳孔不会有乳汁输出。乳头有多种正常的形状，存在个体差异。

（2）内陷乳头。内陷乳头分真性和假性，真性内陷乳头在挤压时会保持内陷，而假性内陷乳头挤压时可轻松外凸。多数情况下，有内陷乳头的女性在产后立即与婴儿皮肤接触，由婴儿自主寻乳，完成有效含接，经过产后早期频繁地吸吮练习，都可以成功进行母乳喂养。

4. 乳晕

乳晕是环绕在乳头周围较深的色素沉着区域，其颜色、大小有个体差异。孕期受激素水平的影响，乳晕颜色会加深，产后随着体内激素的变化，颜色会逐渐变淡。乳晕上分布有数个腺体，叫做蒙哥马利腺，它的油性分泌物可以保护周围皮肤免受哺乳造成的摩擦受损，减少细菌数量，抑制细菌滋生，其散发的气味还可以帮助新生儿找到乳头，实现成功寻乳。

二、乳房内部结构

女性的乳房内部包括腺体组织、结缔组织、脂肪组织、血管、神经、淋巴等。乳房以乳腺组织为主体，结缔组织支撑和固定，脂肪组织填充和保护，神经和血管供养与维护，共同筑起乳房独特的外形特征和生理功能。

1. 腺体组织

乳房腺体组织是乳房的主要结构，构造类似皮脂腺，机能活动近似汗腺。腺体组织内分为两大部分，分别为腺组织和间质。其腺组织又可分为腺泡和导管系统两部分。腺体组织由 15～20 个腺叶组成，这些腺叶以乳头为中心，呈放射状排列，如图 2-4 所示。

（1）腺泡。腺泡是泌乳的基本单位，负责合成并储存乳汁。每一小叶由 10～100 个腺泡组成。这些腺泡紧密地排列在小乳管周围，腺泡的开口与小乳管相连。

（2）导管。多个小乳管汇集成小叶间乳管，多个小叶间乳管再进一步汇集成一根整个腺叶的乳腺导管，又名输乳管。输乳管共 15～20 根，以乳头为中心呈放射状排列，汇集于乳晕，开口于乳头，称为输乳孔。导管的网状结构如图 2-5 所示。

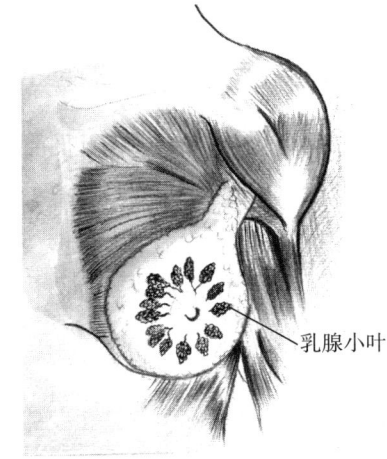

图 2-4　乳腺小叶

2. 结缔组织

结缔组织主要指库帕氏韧带，也称悬韧带，如图 2-6 所示，起支持和固定腺体和乳房位置的作用。

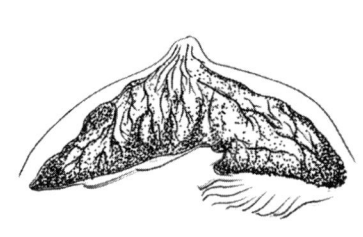

图 2-5　导管的网状结构

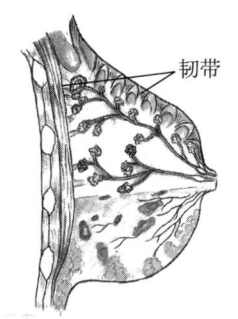

图 2-6　库帕氏韧带

3. 脂肪组织

脂肪组织填充于乳腺周围，其数量决定乳房的大小。脂肪组织的多少因种族、年龄、生育情况等原因产生很大的个体差异。

4. 血管

乳房分布着丰富的动脉、静脉循环系统，为乳汁分泌与合成提供原料，如图 2-7 所示。

5. 神经

乳房的神经由第 4、5、6 肋间神经支配，其中第 4 肋间神经负责支配乳头乳晕区域的感觉，当这段神经受损时，会影响乳晕和乳头对外界刺激的敏感度，影响乳汁分泌和喷乳反射。开始哺乳或婴儿吸吮 2～3 min 后，哺乳母亲的大脑会分泌催产素，这时会看到婴儿开始大口吞咽，或看到乳汁从乳房里自动滴出来甚至喷射出来，有些哺乳母亲还能感到乳房里有一阵挤压的感觉，这就是喷乳反射，俗称"奶阵"。

6. 淋巴

淋巴组织如图 2-8 所示。淋巴的功能是将乳房组织间多余的水分、代谢废物经淋巴回收排走。过度涨奶时，淋巴回流受阻，会反过来加重水肿，阻碍乳汁流动。此时，可以淋巴引流手法帮助淋巴恢复顺畅，乳汁自然容易排出，乳汁排出越多，即泌乳量越多，就越降低了乳汁瘀积和患乳腺炎的机会。

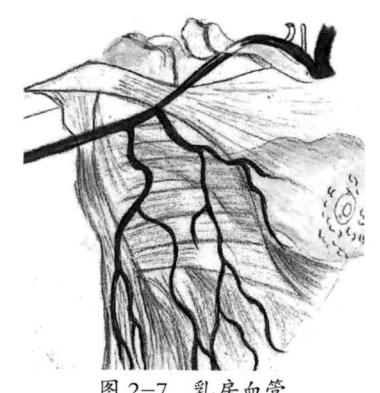

图 2-7　乳房血管

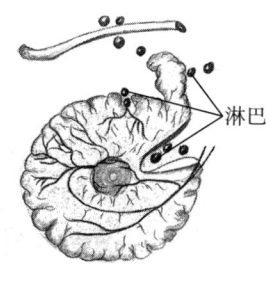

图 2-8　淋巴组织

第二节　乳房发育

一、乳房发育阶段

乳房发育始于胚胎期，经过青春期，到了妊娠期和哺乳期才完成整个发育，贯穿了女性一生的多个阶段。乳房腺体随着雌激素和各种重要激素的共同作用而呈周期性的递进，直到更年期发育停止并且萎缩。乳房发育的大小、早晚与家族、种族、遗传因素以及营养、体育锻炼和形体胖瘦等因素都有关。

胚胎发育到第4~5周时，从两侧腋窝沿胸前、腹部至腹股沟、大腿内侧的两条乳线上生成6~8对乳腺的始基，这是乳腺最初的萌芽状态。到出生前，多数乳腺的始基已经退化，只保留胸前的一对发育成将来的乳房。未完全退化的始基组织在后来发育成副乳。

新生儿乳房只有一个基本的导管树，腺体组织尚未发育完成。受母体内激素水平的影响，婴儿在出生后也会出现乳房腺体隆起甚至腺体组织中分泌少量乳汁的现象，但多会在出生后逐渐消失，无需人为干预。

婴儿出生后乳房发育处于静止状态，直至青春期。约在9~14岁，随着月经周期体内雌激素和其他重要激素的共同作用，乳房开始进入新的发育阶段。腺体组织自乳头下方出现硬结，导管树不断向深处延伸形成分支，乳房内脂肪组织大量增加。外观上乳房房体逐渐隆起，乳头乳晕颜色加深并凸出于乳房表面。经历3~5年的时间，乳房发育成为成年女性的乳房外形，如图2-9所示。

图2-9 不同时期的乳房外形

二、孕产期的乳房变化

孕产期的多种激素作用会促使乳腺导管开始出现更多分支，在末端形成腺泡，为喂哺婴儿做好准备，如图2-10所示。

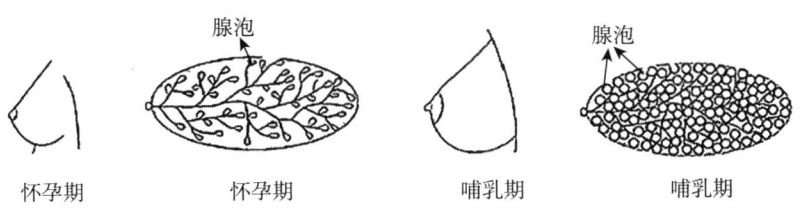

图2-10 孕产期乳腺腺泡变化

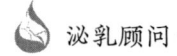

1. 怀孕前 3 个月

乳腺导管向纵深延展生长，出现更多分支，中末端出现大量乳腺腺泡。增多的腺体组织不断充盈乳房空间，此时孕妇会感觉乳房有明显的充实感，体积变大，变得敏感。

2. 怀孕 4 个月后

腺体组织发育基本完成，腺泡具备合成并分泌乳汁特定成分的能力，乳房和胸部的血液流动加快，乳头和乳晕皮肤表面出现色素沉着。

3. 怀孕最后 3 个月

乳晕和乳头变大，乳腺上皮细胞开始分泌乳汁成分，腺泡腔及导管中存在少量澄清或淡黄色液体，即初乳。部分女性轻压乳房可见分泌物增多，甚至有澄清或淡黄色浓稠的初乳乳滴。

4. 生产前

乳房体积约增大至孕前的两倍，乳头和乳晕加深至黑褐色且更加突出，乳晕上蒙哥马利腺分泌更加旺盛。

三、乳腺发育不良

乳腺发育不良指的是缺乏充分泌乳所需的泌乳腺体，主要外观特征包括：乳房大部分区域都比较柔软、乳房呈现桶状或锥形形状、乳房非常不对称、乳晕呈球形或灯泡形外观。

需要注意的是，乳腺发育不良的外观特征只是提示可能存在泌乳量不足的一个信号，而不是确切的标准，泌乳顾问需要根据实际的泌乳情况及婴儿对乳量的需要做进一步的综合判断。

第三节　乳房的泌乳阶段与泌乳量调控机制

一、乳房的泌乳阶段

1. 产后第 1 周

（1）乳汁分泌始于孕中期，哺乳母亲这时期血液中孕酮浓度较高，会抑制脑垂体对催乳素的释放，所以在孕中期至婴儿出生最初的几个小时，乳汁的分泌量都十分有限。随着胎盘被娩出母体，孕酮浓度急速下降，这时催乳素不再被抑制，腺泡上皮细胞得到更多的泌乳信号，经过 24 ~ 48 h，泌乳量开始大幅增加，乳房进一步充盈（见图 2-10）。大多数哺乳母亲会经历生理性乳胀的过程，一些哺乳母亲没有经历生理性乳胀即过渡到乳汁充足的状态，这部分人中往往以有过母乳喂养经历的哺乳母亲居多。

（2）大约 15% 的哺乳母亲在哺乳期间出现过血性乳汁，一般是无痛的，如果持续或反复出血需要咨询乳腺科医生。

（3）产后应使母婴早接触，实现"早吸吮、早开奶"。哺乳母亲每天需要哺乳 8 ~ 12 次，奶量在产后的数天内迅速增加，不需要额外补充配方奶。这是产后早期频繁哺乳的好处，可以为后期泌乳量的提升打下良好的基础。

在一项研究中，对产后前 4 天的哺乳母亲的平均日泌乳量作了如下记录：第 1 天 56 mL，第 2 天 185 mL，第 3 天 393 mL，第 4 天 580 mL。以上泌乳量的记录充分显示了早期频繁哺乳，奶量在随后的数天内会迅速增加，完全能满足婴儿的需要。

2. 产后第 2 ~ 3 周

（1）在产后第 2 ~ 3 周，乳汁从橙黄色浓稠的初乳逐渐变成含有更多水分的成熟乳汁，乳汁分泌量更多。

（2）成熟乳汁在外观上会有两种不同的颜色：婴儿开始吃奶时喝到乳糖较多的浅色乳汁，称之为前奶；随着婴儿继续在乳房吃奶，脂肪量逐渐增加，乳汁颜色转白，称之为后奶。然而，前奶和后奶没有一定的时间分隔线。由于乳汁中的脂肪含量是根据乳房的排清程度和喂奶频率而改变的，乳房中的乳汁越少，脂肪含量越高，因此前奶脂肪含量也不一定少。

（3）通常婴儿每次乳汁摄入量为 59 ~ 89 mL，每天为 591 ~ 750 mL。婴儿有几天会更频繁地吃奶，被称为"婴儿快速生长期"或"猛长期"。

3. 产后第 4 ~ 5 周

产后第 4 ~ 5 周期间，随着婴儿胃容量的增长，婴儿对乳汁的需求量不断增加。婴儿平均每次需求量为 89 ~ 118 mL，每天需求量为 750 ~ 1 034 mL。

4. 产后第5～6个月

（1）如果哺乳母亲频繁哺乳（每天最少8～12次），泌乳量会从第1周持续增加到第5周。

（2）第5周至第6个月，泌乳量保持相对稳定。当婴儿开始摄入其他食物时，泌乳量随之下降。

（3）正常的泌乳量范围很大，最重要的不是婴儿每天摄入乳汁的量，而是婴儿的体重增长和整体发育（包括头围和身高）达到健康的生长发育标准。

5. 产后6个月以后

随着给婴儿添加辅食，婴儿对母乳的需求量逐渐减少，哺乳母亲的泌乳量也随之减少。

6. 离乳后

母亲的腺体组织恢复原状并停止产奶。完全离乳后，哺乳母亲通常可以在6周甚至几年后仍能挤出少量乳汁。

二、乳房泌乳量调控机制

乳房的泌乳功能属于神经体液调节机制，泌乳量的多少、快慢有内在的调节机制。哺乳母亲乳房泌乳量的多少受很多因素的影响，其中最重要的基本要素包括哺乳母亲是否有足够的腺体组织、完整的神经通路和乳导管、充足的激素和功能性激素受体、频繁及有效的乳汁排出和乳房刺激。此外，哺乳母亲的每个乳房独立泌乳，由于乳房使用频率等因素，两个乳房具有差异很大的泌乳量是很常见的，重要的是婴儿摄入的总乳量是否充足，而不是两个乳房的泌乳量是否相同。泌乳量的调控机制主要有以下两个原则。

1. 局部调控乳汁的合成速度

乳腺细胞会在乳汁中分泌一种称为泌乳反馈抑制因子的物质。泌乳反馈抑制因子是一种小分子活性乳清蛋白，积聚在乳汁中，其作用是根据乳房的充盈程度来局部调控乳汁合成速度。

乳房充盈时，乳腺细胞就分泌大量的泌乳反馈抑制因子来减缓乳汁的合成速度，从而导致泌乳量减少；反之，如果乳汁从乳房排出，乳房不充盈，泌乳反馈抑制因子的分泌量就会减少，让乳汁合成的速度增快，从而使奶量增多。因此，乳汁越频繁、越充分地从乳房排出，泌乳量就会增加的越多。

2. 乳房充分排空时，乳汁分泌速度加快，泌乳量增多

泌乳顾问掌握了以上泌乳量的调控机制，就可以根据婴儿对乳汁的需要量与哺乳母亲目前乳房的泌乳量之间的差异制订调整计划。当母亲泌乳量低时，可以利用婴儿频繁有效地吸吮、手挤奶、使用吸奶器等方式促进乳房充分排空，从而刺激乳房更快分泌乳汁，经过几天的调整，泌乳量会逐步增加，满足婴儿需要。如果哺乳母亲泌乳量大，婴儿吃不完，总是发生乳汁淤积，可以调整哺乳习惯，使乳房有部分乳汁存留，从而启动乳房泌乳量自动调控机制，使泌乳量减少。

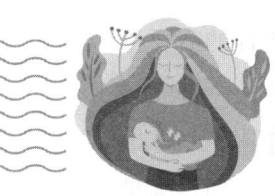

第三章
母乳喂养对母婴健康的好处

母乳是婴儿最理想的食物。世界卫生组织建议：纯母乳喂养婴儿至 6 月龄，之后逐渐添加辅食，并持续母乳喂养至婴儿 2 岁或以上。

人类乳汁的营养足够供给 6 个月以内的足月婴儿生长发育的需要，各种营养素之间比例均衡，含有免疫活性物质和易于消化吸收的蛋白质等营养成分。随着婴儿不同阶段的需求改变，母乳的成分及比例也会变化，母乳能保证婴儿免受各种疾病的侵袭，增强婴儿抗病能力，是身体快速生长、生理功能尚未完全发育成熟的婴儿的最优质食物。

根据世界卫生组织的倡议，我国规定每年的 5 月 20 日为母乳喂养日。母乳喂养对母亲、对婴儿的诸多益处受到了广泛关注，全社会母乳喂养意识日渐增强，母乳喂养率大幅度提升。

第一节　母乳的合成及成分

人类的乳汁是非常特殊且复杂的营养液体，有其生物特殊性，具有物种专一性，每位母亲的乳汁都是独一无二的。母乳中含有数千种营养成分，很多营养成分是牛奶或其他奶类中所没有的。母乳中的活性物质也是配方奶不具备的，即使用化学方法也无法合成或效仿。

一、泌乳和乳汁的合成

研究显示，最初的乳汁出自分泌黏液的皮肤腺体，其中含有两种抗菌酶，黄嘌呤氧化还原酶和溶菌酶，两者都具有抗菌和营养作用。母乳不仅可以作为一种食物提供营养，对于未发育成熟的婴儿来说，它还更像一种药物，可以提供免疫因子、酶、生长因子和其他有益的物质。

乳汁是一种复杂的动态活性生物液，从初乳到成熟乳，在哺乳过程中，乳汁会随着婴儿的成长、哺乳母亲或婴儿的健康状况、哺乳母亲的营养和其他个人状况而有所不同。如哺乳母亲感染细菌、病毒时，血液中白细胞升高，母乳中的白细胞也发生快速反应。不同分娩方式也会影响乳汁的成分。同一哺乳母亲的乳汁产量每天也可能有变化，每个乳房的乳汁产量可能也不同。

母乳的成分还受哺乳母亲饮食的影响。营养不良的哺乳母亲，利用相同比例的蛋白质、脂肪和碳水化合物生产的乳汁更少，乳汁中水溶性维生素，如维生素 C、维生素 B_1 和维生素 B_{12} 也较少。

二、母乳的主要成分

母乳由水、碳水化合物、脂肪、蛋白质、维生素和矿物质等组成。

初乳约在孕期 4 个月开始分泌，具有量少、浓稠的特点。分娩后最初 72 h，乳汁中的分泌性免疫球蛋白量极高，能够在婴儿肠道间隙关闭前拦阻病原体进入婴儿体内，还具有润肠作用，帮助排出胎便。初乳还有较高含量的 β 胡萝卜素、维生素 E、蛋白质、钠、锌、氯化物和钾等。

1. 水

水是母乳中含量最多的成分，大约为 87%，其他所有成分都溶解、分布或悬浮在水中。水有助于人体温度调节，25% 的热损失来自肺部和皮肤的水分蒸发。在天气炎热时，母乳中的水分含量会自动升高，满足婴儿对水分的需求。

2. 碳水化合物

母乳中的碳水化合物分为乳糖和人乳低聚糖。

哺乳类动物乳汁中，人乳的乳糖含量最高。乳糖可水解成葡萄糖和半乳糖，为婴儿提供约 40% 的能量。乳糖能提高铁和钙的吸收率。半乳糖还被用来制造像脑苷脂这样的半乳糖脂,对新生儿中枢神经系统的发育至关重要。

人乳低聚糖是母乳中含量丰富的复合碳水化合物,每位哺乳母亲的乳汁中人乳低聚糖的含量不同。目前有150～200种已知的低聚糖,它们激活肠道的乳酸杆菌,阻止病原体依附在婴儿肠道。其中10%～80%随大便排出,有些进入全身循环,在呼吸道产生保护作用。

3. 脂肪

母乳中的脂肪是婴儿能源供应的最大组成部分,可为婴儿提供所需热量的50%。

三酰甘油占母乳脂肪含量的98%,作为生物活性化合物的载体,能够促进肠道吸收脂肪酸,还可以提供必需脂肪酸和胆固醇。母乳中的长链多元不饱和脂肪酸(LCPUFA),如十二碳六烯酸(DHA)和花生四烯酸(ARA),对婴儿的组织结构、免疫功能及大脑和视网膜发育都有重要作用。

婴儿的大脑发展迅速,发育速度比身体更快,婴儿一岁时的大脑容量是出生时的3倍。因此,母乳的多种长链不饱和脂肪酸以及胆固醇为婴儿早期大脑发育提供了必不可少的营养素。

4. 蛋白质

泌乳细胞产生80%～90%的人乳蛋白,在母乳中所占比例不到1%,主要由乳清蛋白和酪蛋白组成,大多数具有生物活性和免疫调节功能。

酪蛋白存在于微粒中,能让乳汁变成白色,为婴儿提供帮助建立肌肉所需的所有氨基酸。酪蛋白比其他蛋白质消化得更慢,因此它能增加婴儿的饱腹感。

乳清蛋白存在于溶液中,如血清白蛋白、α-乳清蛋白、溶菌酶、乳铁蛋白、免疫球蛋白等,都具有生物活性。乳清蛋白中利于婴幼儿消化吸收的α-乳清蛋白含量较高。

母乳中的乳清蛋白和酪蛋白会随着婴儿的生长而改变比例,初乳为90∶10、成熟乳为60∶40、泌乳后期为50∶50。

5. 维生素

母乳中的维生素有脂溶性和水溶性两大类。

脂溶性维生素有维生素A、维生素D、维生素E、维生素K。维生素D对婴儿的骨骼发育很重要，长期缺乏维生素 D 可能导致佝偻病。胎儿从母体获得维生素 D 的储备有限，出生后，婴儿需要从阳光、母乳及其他食物中摄取维生素 D。现代的生活方式使很多妇女缺乏维生素 D，当母体内维生素 D 不足时，婴儿从母乳中所摄入的就会更少，因此，一些国家建议吃母乳的婴儿适当服用维生素 D 补充剂。水溶性维生素有维生素 B_1、维生素 B_2、维生素 B_6、维生素 B_{12}、维生素 C。长期吃素的哺乳母亲乳汁中缺乏维生素 B_{12}，需要额外补充，否则将影响婴儿的神经系统发育。母乳中的维生素 C 含量较高、叶酸含量较少，但能满足婴儿的生理需要。

6. 矿物质

母乳中各种矿物质含量不高，但具有很高的生物活性及利用率，一般情况下足以保证健康婴儿 6 个月内所需。在所含矿物质中，钙、磷比例适宜且钙的吸收良好，故母乳喂养的婴儿较少发生低钙血症。母乳中的铁有 20%～50% 能被婴儿吸收，是各种含铁食物中吸收率最高的。锌对婴儿的成长和发育非常重要，母乳中的锌含量虽然比较低，但其生物利用率比配方奶高。

三、母乳的免疫功能

母乳中含有许多支持婴儿免疫系统成熟的生物活性物质，可以帮助婴儿抵御病原体的侵袭。母乳中的蛋白质如乳铁蛋白、分泌型免疫球蛋白 A、溶菌酶，碳水化合物如人乳低聚糖，脂类如一些三酰甘油和游离脂肪酸，细胞如巨噬细胞和其他白细胞，乳汁在肠道中产生的微生物群等，使母乳具有抗菌、抗炎和免疫调节的先天免疫作用。

1. **乳铁蛋白**

乳铁蛋白是哺乳动物免疫系统的主要组成部分。铁是许多病原体的理想营养来源，它们会利用铁快速生长。乳铁蛋白可以结合铁，防止某些细菌在母乳和黏膜分泌物中生长，同时可杀菌，防止大肠杆菌附着在肠壁上，防止志贺氏菌侵入婴儿体内。

乳铁蛋白同时是一种抗病毒物质，可以防止病毒附着或入侵，可抗炎、减少细胞因子释放，它还促进新生儿肠道发育和肠道黏膜损伤后的恢复。

2. **分泌型免疫球蛋白 A**

分泌型免疫球蛋白 A，即 sIgA，是母乳中的主要免疫球蛋白，存在于乳腺肠道通路及胃肠道黏膜，可与其他生物活性因子产生复杂的相互作用，在婴儿的肠道黏膜上形成一道保护屏障，防止细菌进入体内。初乳中的分泌型免疫球蛋白 A 含量最高，而配方奶喂养的婴儿缺乏 sIgA 的保护。婴儿出生几个月后才开始自行分泌 sIgA，由此可见，母乳喂养对保护婴儿的健康极为重要。

3. 溶菌酶

溶菌酶也是一种蛋白质，可以通过破坏细菌细胞壁来抑制细菌生长，具有抗感染的作用。皮肤腺体分泌含有抗菌因子的黏液物质，保护受损皮肤不受感染，溶菌酶是这些分泌物中的关键免疫因子之一。

4. 人乳低聚糖

人乳低聚糖是母乳中含量丰富的复合碳水化合物，对接受母乳喂养的婴儿有许多潜在的好处。人乳低聚糖扮演着如下角色。

（1）益生元：促进肠道有益菌双歧杆菌的生长。

（2）免疫细胞介质/调节器。

5. 乳脂

人类乳脂可以灭活一些病原体，包括 B 族链球菌（GBS），为婴儿提供额外的保护，防止黏膜表面的侵入性感染，特别是中链脂肪酸甘油酯。

6. 母乳中的微生物群和细胞

母乳中含有多种微生物群和细胞，包括共生菌和有益菌（乳酸菌和双歧杆菌）、白细胞、T 细胞、巨噬细胞、上皮细胞和干细胞等。

白细胞通过婴儿胃肠道存活转移到血液和淋巴结、肝脏、脾脏，细胞含量随脂质含量、乳房充盈度的变化而变化。初乳及母婴感染时白细胞含量增加。

7. 抗炎细胞因子

抗炎细胞因子是淋巴细胞、单核细胞、巨噬细胞等分泌的蛋白质信号分子。血小板活化因子乙酰水解酶从母乳巨噬细胞中释放，是迄今最有效的抗炎剂之一，保护新生儿的肠道免受炎症性等疾病侵害。

8. 趋化因子

趋化因子也被称为免疫调节因子，是在免疫系统中传导信号的促炎因子，可促使免疫系统聚集众多的吞噬细胞到感染或炎症部位。趋化因子可以促使淋巴细胞转移到母乳中并穿过婴儿肠壁,通过网络协作协调免疫功能的活性。

此外,母乳中还具有其他生物活性化合物,如促肠道成熟和修复的表皮生长因子,促肠内神经系统生长发育的神经元生长因子,促组织生长的胰岛素样生长因子,具有血管系统调节作用的血管内皮生长因子等。

第二节　母乳喂养对母婴的益处

一、母乳喂养对婴儿的益处

母乳喂养会给婴儿带来多方面和长期的健康益处,母乳的营养价值对婴儿来说是任何其他食品都无法代替的。

1. 母乳喂养的婴儿更聪明

婴儿大脑的发育速度很快,婴儿得到的养分越多,大脑的发育就越好。母乳喂养可以为婴儿的大脑发育提供良好的基础,并对智商的发展产生有利的影响。母乳喂养的婴儿较喂食代乳品的婴儿智商更高,婴儿接受母乳喂养的时间越长,相对智力优势越高。此外,母乳喂养还可增进母婴之间的亲子关系,增加婴儿的安全感,提高婴儿的情商水平。

2. 母乳喂养的婴儿发胖的几率较低

出生后用婴儿配方食品喂养的婴儿与用母乳喂养半年以上的婴儿相比,到青春期时前者过胖的比例比后者高。母乳能预防肥胖症以及由肥胖症引起的高血压、心脏病、Ⅱ型糖尿病等,使婴儿建立良好的新陈代谢平衡,降低与炎症反应有关疾病的发病风险。

3. 母乳喂养的婴儿身体更健康

(1)母乳喂养可降低婴儿长大后患心血管疾病的几率。母乳喂养的婴儿长大后动脉硬化等心血管疾病的发生率大大降低,其胆固醇水平要比用奶粉喂养的婴儿低14%。

(2)母乳喂养建立婴儿肠道功能。母乳尤其是初乳含有很丰富的分泌型免疫球蛋白A与许多免疫因子,是婴儿健康的保护神。分泌型免疫球蛋白A可促进婴儿的肠上皮屏障功能，防止潜在病原体的侵袭，维持健康的肠道微生物群和肠道功能，预防腹泻。

（3）母乳中的各种免疫成分可建立婴儿的免疫系统，预防呼吸道感染、中耳炎与哮喘等过敏性疾病的发生。

（4）母乳喂养可预防白血病。急性淋巴细胞白血病是儿童中常见的一种白血病，母乳喂养也有助于减少儿童罹患这种白血病的可能性，同时也有助于降低儿童急性髓细胞白血病的发病率。

二、母乳喂养对母亲的益处

有些新手妈妈在面对母乳喂养最初的难关时，往往会感到精疲力竭，甚至会对母乳喂养产生厌烦情绪，打击了对母乳喂养的坚持和信心。其实，母乳喂养是母婴双方的共同学习、相互馈赠。母亲赠送给婴儿乳汁、营养和爱；而婴儿的吸吮也会刺激母亲的乳房，将信息传送到母亲的脑下垂体，促进泌乳素的分泌。泌乳素是激发母性本能的激素之一，激发女性作为母亲的感受。

1. 母乳喂养有助于母亲康复

（1）母乳喂养有助于子宫复原。母乳喂养能使母亲从孕期状态向非孕期状态成功过渡。伴随吸吮而产生的催产素，可以促进子宫收缩，减少出血，促进子宫恢复到孕前的大小。

（2）母乳喂养有助于体型恢复。怀孕期间母亲身体积蓄的脂肪，是为产后哺乳而储存的"燃料"。母乳喂养能够消耗母亲体内额外的能量，加快新陈代谢。母乳让婴儿有一个健康、正常的体型的同时，也帮助母亲恢复体型。

母乳喂养并不会改变乳房的形状，乳房下垂主要与怀孕时的激素变化、年龄和体质有关，即使不进行母乳喂养，到了一定的年龄，乳房依然会下垂。

（3）母乳喂养期间，母亲体内的蛋白质、铁和其他所需的营养物质能通过产后闭经得以储存，有利于产后的康复，也有利于延长生育间隔。

2. 母乳喂养能帮助母亲降低患女性疾病的几率

多种研究表明，哺乳女性患乳腺癌的几率大大低于从未哺乳的女性。与从未哺乳的女性相比，哺乳期超过2个半月的母亲患乳腺癌的几率要降低三分之一；哺乳期延长6个月，患病率降低7.3%。此外，母乳喂养的女婴今后患乳腺癌的几率也低于没有吃到母乳的女婴。母乳喂养还可以预防卵巢癌、尿路感染和骨质疏松等。

3. 母乳喂养有利于避孕

母乳喂养能抑制排卵,产生哺乳期闭经,延长生育间隔,起到避孕作用。一项对母乳喂养一年以上的哺乳母亲的调查发现,有些哺乳母亲在产后6个月左右开始来月经,有些哺乳母亲却在产后2年半以后才重新月经来潮,平均无月经期是6~14个月。

4. 母乳喂养令母亲感到放松

一般情况下,母乳喂养中的母亲非常安详,婴儿也是吃着吃着就安静地睡着了。这是因为婴儿在吸吮母乳时,母亲和婴儿体内会释放胆囊收缩素,使其在母乳喂养过程之中和之后感到放松和困倦,从而帮助入睡。许多工作繁忙的母亲都能感受到,忙碌一天之后,抱着婴儿喂奶能够让自己放松下来,劳累疲乏的感觉会随之自然消失,心情更加轻松。

哺乳也是一件让母亲感到愉快的事情,婴儿吸吮乳汁时脸蛋变得光泽红润,母亲的心里也会升起难以比拟的自豪感。通过母乳喂养,母亲会更加细腻地了解自己的身体,也更加深刻地享受母亲的角色。

5. 母乳喂养可以帮助女性做一位好妈妈

母乳喂养是母亲理解和满足婴儿需求的最自然、最有效的途径,是学习当一个好妈妈的最好工具。

第一,哺乳母亲在生理上迥异于不哺乳的母亲。哺乳母亲体内旺盛的荷尔蒙——泌乳素和催产素,可以使她们产生更加强烈的母爱。催产素的分泌是一种条件反射,哺乳母亲不仅在婴儿直接吸吮乳头时分泌催产素,还在接触到与母乳喂养有关的景象、声音和活动时自动分泌催产素。

第二,母乳喂养时母婴身体之间的亲密接触与交流,使得哺乳母亲和婴儿感到身心合二为一,在婴儿的需求得到满足的同时,哺乳母亲对于爱抚和关怀的需求也得到了满足(见图3-1)。哺乳母亲对于婴儿需求的反应更加灵敏,婴儿饥饿和焦虑的信号在哺乳母亲体内引起生理反应(泌

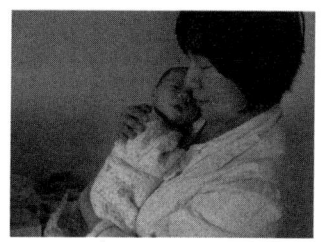

图3-1 母婴亲密接触与交流

乳），使她有一股立刻抱起婴儿给他喂奶的冲动，这种及时的反应会给母婴双方带来温馨的感觉。哺乳母亲通过喂奶，更加深刻细致地了解婴儿的性格和需要，也更加充分地掌握成功养育婴儿的诀窍。

尽管母乳喂养需要哺乳母亲付出巨大的精力与时间，但在母乳喂养的当时、在婴儿成长过程中甚至在久远的未来，母亲都会得到巨大的回报。

三、配方奶喂养面临的风险

母乳喂养对母婴健康具有重要意义，如果母亲没有给婴儿母乳喂养而是用配方奶喂养，日后将增加以下健康风险，见表3-1。

表3-1 配方奶喂养面临的风险

对婴儿	对母亲
1. 增加患哮喘的风险	1. 增加患乳腺癌的风险
2. 增加患过敏的风险	2. 增加超重的风险
3. 增加认知发育迟缓的风险	3. 增加患卵巢癌和子宫内膜癌的风险
4. 增加患急性呼吸系统疾病的风险	4. 增加患骨质疏松症的风险
5. 增加牙齿错位咬合的风险	5. 缩短再次妊娠间隔
6. 增加因使用受污染的配方奶而感染的风险	6. 增加患风湿性关节炎的风险
7. 增加营养缺乏的风险	7. 增加紧张和忧虑的风险
8. 增加患儿童肿瘤的风险	8. 增加患妊娠期糖尿病的风险
9. 增加患糖尿病的风险	
10. 增加患心血管病的风险	
11. 增加肥胖的风险	
12. 增加患胃肠感染的风险	
13. 险增加患中耳炎和耳部感染的风险	
14. 增加死亡的危险	
15. 增加环境污染的风险	

第三节 母乳喂养对家庭及社会的益处

一、对家庭的益处

1. 母乳喂养满足婴儿的同时，也方便了母亲

母乳喂养更加方便，可以随时供应，省时省力，母婴在一起时，母亲可以根据婴儿的需要随时进行母乳喂养。配方奶喂养更加费时、费力，需要刷洗、消毒奶具，准备合适温度的开水，冲调奶粉等诸多步骤。

婴儿的心理特点之一是一旦有需求，就必须马上满足，他们未成熟的身体既不懂得也不适合等待，肚子饿时马上能吃到香甜的母乳，会让婴儿更好地建立起对人生的信任感，也建立起母亲哺乳的自信心。

（1）母乳喂养省时省力、方便简捷。母乳具有温度适中、安全、新鲜的特点，母乳喂养使哺乳母亲能够更轻松更快捷地喂养婴儿。

（2）母乳喂养可以增进家庭成员之间的感情。母乳喂养能够增强家庭成员之间的感情，有利于稳定家庭关系。这是因为看起来哺乳只是忙了母亲一个人，实际上是忙了一家人，使家庭成员在母乳喂养过程中明确了分工，母亲的职责是哺乳，其他成员的职责则是照顾她。特别是在夜间，喂母乳能够让全家人都睡得更安稳，也能够免除婴儿的哭声而引起母亲和家人的焦虑，也使家庭成员对母乳喂养增加了感性了解和理性认识，体验到母乳是婴儿最好的食物。

2. 母乳喂养节省家庭开支

母乳喂养对家庭来说节省了代乳品、婴儿保健品等各种不必要消费，也节省了奶瓶、消毒用具等附加费用。母乳喂养的婴幼儿降低生病的几率，节省了家庭医疗支出。

二、对整个社会的益处

1. 母乳喂养经济实惠，减少资源浪费

近些年来，人们对母乳喂养的认识不足，很多母亲选择以代乳品代替母乳喂养，奶粉需求量上升。一个吃奶粉的婴儿，奶粉、奶瓶、消毒用具、提早添加辅食、烧开水和消毒奶瓶而缴纳的电费、煤气费等，总费用对于中等收入的家庭来说，是一个不小的经济负担。如果采用母乳喂养，不仅可以降低家庭支出，而且可以促进家庭和睦，并且还会因此减少电、煤气等的消耗。

2. 母乳喂养安全卫生，低碳环保

母乳喂养安全卫生，在哺乳母亲身体健康的情况下，婴儿直接从母亲乳房上吃奶，清洁、无菌、无毒，不用像人工喂养那样担心奶粉和用具的安全、卫生。

母乳喂养对人类回归大自然、恢复整个自然界生态平衡也具有非常深远的社会意义。人工喂养对环境造成的污染是多方面的，婴儿吃奶粉后废弃的塑料袋、塑料桶、金属盒（桶），奶粉厂的废水、废料、废气，给婴儿洗刷喂奶用具所造成的污染等。由此可见，母乳喂养更加低碳环保。

3. 母乳喂养能够促进人口素质的提高

母乳喂养会降低婴儿的发病率和死亡率，提高妇幼保健水平，增强了婴儿体质，有利于母婴心理健康，从而可以促进社会人口素质的提高。

第四章
产后初期的母乳喂养

第一节　母乳喂养的开始

婴儿的摄食行为是由先天性反射驱动的，遵循婴儿的本能，泌乳顾问应鼓励母亲学习并掌握早期母乳顺利喂养的准则。泌乳顾问在咨询中需要重点关注早期母婴关系的建立、正确哺乳姿势、有效含接、频繁有效的乳汁移出等内容。充分了解并确认在产前、孕期以及生产过程中、分娩后早期有可能影响母乳喂养的情况，可以为泌乳顾问在评估复杂的泌乳问题时提供非常重要的信息。

一、分娩方式对母乳喂养的影响

自然分娩和剖腹生产对母乳喂养有着不同的影响。分娩时间延长或分娩不顺利的经历可能会对早期母乳喂养产生不良影响。若第二产程过长、轻度到中度产后出血或进行剖宫产，则女性分娩时所面对的身心压力可能会在不同程度上影响早期母乳喂养的效果。

分娩中使用的某些镇痛药物可能造成第一次母乳喂养延迟，对婴儿产生镇静作用、抑制摄食行为或降低婴儿运动协调性，从而影响婴儿的警觉性、寻乳行为和哺乳效果。

二、分娩导乐对母乳喂养的作用

很多女性在开始母乳喂养时感觉到很艰难,因此不能持续母乳喂养。

女性在分娩后需要有人陪伴,以确保她们的母乳喂养能够有一个完美的起点。如果女性在分娩期间得到足够的情感支持,就会提升其早期的母乳喂养效果,使她更愿意长期坚持母乳喂养。

分娩导乐是指受过职业培训,为分娩过程中的女性及其丈夫提供陪护服务的专业工作人员。有研究表明,导乐陪伴可以改善生产的效果,在产后立即指导母亲与婴儿进行肌肤接触,让婴儿吃到第一口奶;解答母乳喂养相关问题;帮助女性成功地过渡到母亲的角色,延长母乳喂养的时间。

三、早期母乳喂养成功的方法

1. 产后最初 2 h 的喂养

分娩后应立即进行"三早",即早接触、早吸吮、早开奶。女性分娩后的最初 2 h 是敏感期,母婴肌肤接触对提高婴儿的稳定性和早期母乳喂养的效果都至关重要。婴儿在母亲身上的早期寻乳行为能够提高母亲的催产素水平,有助于其身体为进行母乳喂养做好准备,而分娩后母婴分离可能会抑制婴儿的寻乳行为。因此,在分娩后最初 2 h,应保持母婴的正面肌肤接触,进行母乳喂养,以期增加婴儿的乳汁摄入量,提高婴儿存活率,延长母乳喂养持续时间。

2. 婴儿出生后第一天的喂养

新生儿表现为要经常吃奶,出生后的第一天,婴儿的母乳喂养平均每次摄入量约为 7 mL 初乳,平均每天摄入量约为 37 mL;出生后第二天,婴儿的母乳喂养平均每次摄入量为 14 mL。当母乳喂养正常进行时,随着母乳分泌量的增加,婴儿也一天比一天摄入更多的乳汁,同时,婴儿的胃部逐渐扩张,可以容纳越来越多的乳汁。婴儿出生后第一天吃奶次数越多,越有助于降低黄疸的发生。

在婴儿出生第一天增加喂养次数的方法包括:"密集哺乳",即在婴儿醒着的时候主动进行数次母乳喂养;浅睡眠期间将婴儿的嘴唇放在乳房上,婴儿会在半睡半醒时吃奶。

第二节　母婴肌肤接触

一、母婴肌肤接触的重要性

肌肤接触是促进母乳喂养成功的关键措施之一。肌肤接触是指婴儿出生后立即将其直接放在母亲裸露的胸部，擦干婴儿的身体后使母婴都被温暖的毯子覆盖，待在一起至少 1 h 或直到完成第一次哺乳。婴儿需要安抚或镇定情绪时或母亲需要刺激增加奶量时，也可以随时进行肌肤接触。

产后立即进行肌肤接触可以帮助婴儿适应子宫外的生活，对于支持母亲开始母乳喂养并与婴儿建立亲密的关系非常重要。

肌肤接触在新生儿病房中同样重要，在新生儿病房中通常被称为"袋鼠护理"，可以帮助父母与婴儿建立连结，为婴儿提供更好的发育基础。

二、肌肤接触对母婴的好处

肌肤接触在许多方面对母婴都有好处。

（1）使母亲和婴儿平静、放松。

（2）调节婴儿的心率和呼吸，调节体温。

（3）改善婴儿血氧饱和度。

（4）降低婴儿皮质醇（压力）水平。

（5）刺激婴儿寻乳反射。

（6）鼓励婴儿吃奶前行为。

（7）刺激母亲催产素分泌以帮助泌乳。

（8）使母亲皮肤的有益菌定植在婴儿皮肤上，提供防感染保护。

（9）使母亲分泌更多初乳，乳汁中含有最新的抗体。

三、肌肤接触时的安全措施

产后最初 1 h 的肌肤接触期间，泌乳顾问必须采取以下安全措施。

（1）观察婴儿。在整个肌肤接触过程中观察婴儿的状况，确保婴儿的体温、呼吸、肤色和肌张力正常。

（2）观察母亲。如果母亲很疲倦，泌乳顾问需要不断为其提供支持和监

护。如果母亲处于痛苦中或意识不清,无法安全地抱着婴儿,则不应进行肌肤接触,需要立即通知医护人员。

(3)若母婴任何一方的健康出现状况,应迅速移走婴儿。

(4)肌肤接触过程中要确保婴儿不会坠落地上、被困于床上或母亲的怀里,确保婴儿头部得到支撑,避免呼吸受阻。

(5)经常倾听婴儿父母的感受,对他们提出的问题立即做出回应。

第三节 哺乳母亲的营养需求与饮食禁忌

一、哺乳母亲的营养需求

哺乳母亲一方面要促进各器官、系统功能的恢复,另一方面要分泌乳汁、哺育婴儿,如果营养不足,不仅影响母体健康,还会降低喂哺母乳的意欲,影响婴儿的生长发育。因此,应根据哺乳期的生理特点及乳汁分泌的需要,为哺乳母亲合理安排膳食,保证充足的营养供给。哺乳母亲基本营养准则遵循"饿了就吃、渴了就喝",在一般人群膳食指南基础上,还应增加以下内容。

1. 增加禽、蛋、瘦肉及海产品摄入

动物性食品如鱼、禽、蛋、瘦肉等可提供丰富的优质蛋白质,哺乳母亲每天应增加总量 100~150 g 的鱼、禽、蛋、瘦肉摄入,其提供的蛋白质应占总蛋白质的 1/3 以上。如果增加动物性食品有困难,也可多食用大豆类食品以补充优质蛋白质。

如果哺乳母亲是素食者,为了保障婴儿的发育和长期健康,哺乳母亲可服用维生素 B_{12} 补充剂或食用强化豆制品,以预防维生素 B_{12} 缺乏症,避免引发婴儿的神经系统损伤等疾病。

2. 适当增饮奶类摄入

奶类含钙量高,易于人体吸收利用,是钙的最好食物来源。哺乳母亲每日若能饮用牛奶 500 mL,则可从中得到约 600 mg 的优质钙。若哺乳母亲不能饮奶,则建议适当多摄入可连骨带壳食用的小鱼、小虾,大豆及其制品,芝麻酱及深绿色蔬菜等含钙丰富的食物。为促进钙的吸收和利用,哺乳母亲也应注意补充维生素D或多进行户外活动。需要注意的是,补充含钙食物不会增加母乳中的钙含量,但可以提高哺乳母亲离乳后的骨质密度。

3. 保证食物多样性

哺乳母亲的膳食应是多样化的平衡膳食(见图4-1),选择新鲜的水果、蔬菜、全麦面包和谷类食品,以满足营养需求为原则,随个人喜好、文化、气候和家庭经济情况而有所差异,无需特别禁忌。

4. 及时补充水分

哺乳母亲可以根据需要喝水,感觉口渴就可以喝水。如果出现便秘或尿液很浓的情况,就需要增加喝水量。但要注意,喝更多液体并不会进一步增加泌乳量。

图4-1 多样的食材

二、婴儿对哺乳母亲饮食的过敏反应

哺乳母亲吃不同口味的食物时,这些口味会渗透到乳汁中,好处是婴儿会提前感受到以后添加的辅食的味道,不容易挑食;但对有些特殊的食物,婴儿会表现出过敏反应,应引起哺乳母亲的注意。

有些母乳喂养的婴儿哭闹和胀气,不一定是哺乳母亲饮食中的某些成分造成的。研究发现,在第一年间,只有约5%的母乳喂养婴儿会对哺乳母亲摄入的食物产生过敏反应,其中牛奶是最常见的过敏原,引发过敏的食物会因婴儿而异。比起哺乳母亲饮食中的食物,婴儿对直接摄入的食物(如配方奶或辅食)更容易产生过敏反应。家族过敏史也可能导致婴儿过敏。

过敏反应总是伴有身体症状,主要包括以下几方面。

(1)皮肤问题,如湿疹、皮炎、荨麻疹、皮疹和皮肤干燥。

(2)胃肠道问题,如呕吐、腹泻、便中带血液或黏液。

(3)呼吸困难,如鼻塞、流鼻涕、哮喘和咳嗽。

(4)吃母乳时或之后哭闹(也是哺乳母亲泌乳量过多或婴儿胃食管反流的症状)。

(5)难以入睡或睡不安稳。

如果婴儿对哺乳母亲饮食中的新食物有急性过敏反应,症状可能会在吃母乳后 1 h 内出现，但通常会在 24 h 内消退。当哺乳母亲避免她常吃的食物（如乳制品、海鲜食物）时，有些婴儿的症状几天内就会有所改善，但若婴儿对牛奶蛋白过敏，由于牛奶蛋白通常需要 2～3 周才能从身体中完全排出，因此要 2～3 周婴儿的症状才会消退。哺乳母亲通常可以在 6 个月后再吃那些曾被避免的食物。

便中带血是婴儿对哺乳母亲饮食有过敏反应的表现，但如果一个健康的婴儿出现便血，并且从哺乳母亲的饮食中避免乳制品后依然没有缓解，建议转介医护人员进行诊断。有些婴儿的便中带血问题很可能需要在长期哺乳中去解决，因为母乳喂养能增强婴儿的免疫力，当免疫力增强时过敏的症状也会随之消失。

三、哺乳母亲饮食禁忌

1. 过量咖啡因、巧克力和草药茶

哺乳母亲摄入适度咖啡因（每天 2～3 杯咖啡）对大多数母乳喂养的婴儿来说是可以接受的，适度摄入巧克力通常也不会导致婴儿出现不良反应，但要注意不可过量。草药可能像药物一样有副作用，影响母乳喂养，所以在服用之前应充分了解其用法、用量。哺乳母亲应该谨慎饮用市面上售卖的草药茶或煮制的茶，要遵医嘱制备并适度饮用。

2. 酒精

哺乳母亲可以偶尔喝一小杯含酒精的饮料。空腹饮酒时，哺乳母亲的血液酒精浓度在饮酒后 30～60 min 达到峰值，而进食时饮酒则在饮酒后 60～90 min 达到峰值。

哺乳母亲饮酒后，酒精会从乳汁和血液中排出。一位体重约 55 kg 的女性需要 2～3 h 才能完全从体内代谢掉一杯普通啤酒或葡萄酒中的酒精，哺乳母亲饮酒越多，代谢所需的时间就越长。在饮酒前吃饭和挤奶，可降低哺乳母亲身体中的酒精对婴儿的影响。

3. 吸烟

一些有吸烟习惯的哺乳母亲在哺乳期仍无法戒烟。虽然许多吸烟的母亲不喂婴儿母乳，但母亲吸烟会增加婴儿的健康风险，并增加婴儿感染呼吸系统疾病（呼吸道过敏、哮喘等）和婴儿猝死综合征的风险。无论采取何种方式喂养婴儿，使婴儿暴露于吸烟环境或被动吸烟都是有害的。

第四节　产后抑郁及其护理

一、产后抑郁及其影响

1. 产后抑郁及其表现

产后抑郁是产妇从分娩至产后由于生理和心理因素造成的抑郁，表现为紧张、疑虑、内疚、恐惧等，极少数严重者会有绝望、离家出走的想法和行动。产后抑郁一般在产后 6 周内发作，尤其高发于产后 2 周内，部分产妇可在 3 个月到 6 个月内自行恢复，15%～30% 的产妇抑郁状态可持续 1～2 年甚至更长。

研究显示，50%～75% 的女性都会随着婴儿的出生经历一段抑郁的心理状态，出现一段不稳定情绪，比如莫名的哭泣或心绪欠佳，多数女性征兆不明显或转瞬即逝，少数女性的抑郁症状会持续或加重。

产后抑郁比较严重时的临床表现主要为持续和严重的情绪低落以及一系列症状，比如动力降低、沮丧、悲伤哭泣、担心多虑、胆小害怕、烦躁不安、失眠、易激惹等，甚至失去生活自理和照顾婴儿的能力，悲观绝望，会有伤害婴儿或自杀倾向。

产后抑郁具体表现在以下几方面。

（1）情绪改变。产后抑郁最突出的表现是持久的情绪低落，表现为表情阴郁、无精打采、困倦、易流泪和哭泣，并在夜间加重。产妇经常感到心情压抑、郁闷，因小事大发脾气，常用"郁郁寡欢""凄凉""沉闷""空虚""孤独""与他人好像隔了一堵墙"之类的词来描述自己的心情。在很长一段时期内，产妇多数时间情绪是低落的，即使其间有一段时间的情绪好转，但很快又会陷入抑郁。尽管如此，产妇的抑郁程度一般并不严重，情绪反应依然存在，如一场轻松幽默的谈话就能使其心情暂时好转。产妇本人也能够觉察到自己情绪上的不正常，但往往会将之归咎于他人或环境。

（2）认知改变。产妇对日常活动缺乏兴趣，在各种娱乐或令人愉快的事情中体会不到快乐，反而常常自卑、自责、内疚。产妇会感觉反应迟钝，思考问题困难，遇事经常向坏处想，对生活失去信心，自认为前途暗淡、毫无希望，感到生活没有意义甚至企图自杀；或表现为对身边的人充满敌意、戒心，与家人、丈夫关系不协调。

（3）意志与行为改变。产妇意志活动减弱，创造性思维受损，行为上表现为反应迟钝，很难专心致志地工作，被动或过分依赖，虽有远大理想却无法脚踏实地，虽想参与社交却缺乏社交的勇气和信心。

（4）身体表现。约80%的产后抑郁以失眠、头痛、身痛、头昏、眼花、耳鸣等身体表现为主，有些产妇还会出现厌食、睡眠障碍、易疲倦、性欲减退等症状。

2. 产后抑郁的影响

产后抑郁对产后哺乳十分不利。

（1）产后抑郁可导致乳汁不足，影响婴儿的生长发育。如果哺乳母亲紧张、焦虑、忧郁，则泌乳会受抑制。产后抑郁的母亲泌乳的始动时间（即婴儿出生后乳汁首次自乳房溢出的时间）延后，乳汁分泌量较少；母亲情绪低落、易疲乏、饮食和睡眠欠佳，还会使母亲对母乳喂养信心不足，易形成恶性循环。

（2）产后抑郁可造成母婴连接障碍。母婴连接是指母亲和婴儿间的情感纽带，取决于母婴间躯体接触、婴儿的行为和母亲的情绪反应性等因素。而患产后抑郁的母亲往往不愿抱婴儿或不能给婴儿有效的喂食，不注意婴儿的反应，婴儿的啼哭不能唤起母亲注意；母亲与婴儿相处不融洽，母亲往往手臂伸直抱婴儿，目光不注视婴儿，忽视婴儿；厌恶婴儿或害怕接触婴儿，甚至出现一些妄想等。若存在母婴情感连接障碍，母亲可能拒绝照护婴儿，妨碍婴儿的正常生长发育。

（3）产后抑郁对婴儿会产生不良影响。对早期婴儿的不良影响：婴儿会在出生后最初3个月出现行为困难，婴儿较为紧张、较少满足、易疲惫，动作发育不良。对晚期婴儿的不良影响：母亲的产后抑郁与婴儿后期的认知能力和婴儿的性格发展不良相关，母亲产后抑郁的严重程度与婴儿的不良心理和运动发展正相关。

二、产后抑郁的原因及危险因素

1. 产后抑郁的原因

（1）体内激素水平的变化。体内激素水平的急剧变化是产后抑郁症发生的生物学基础。激素是人体内的重要化学物质，有些激素对控制母亲的情绪起着很大作用。在怀孕及分娩的过程中，女性体内的内分泌环境发生了很大变化。怀孕期间，女性体内雌激素和黄体酮的含量增长10倍，会产生幸福愉悦的感觉；分娩后，女性体内的雌激素和黄体酮水平急剧下降，可能促发产后抑郁症。

（2）产妇或婴儿生病。疾病导致的极度紧张也会诱发抑郁症。早产、产褥期的疾病或合并症会给产妇带来极大压力，容易诱发产后抑郁。

（3）产妇有巨大的心理压力。例如产妇对产后当母亲的期望过高以致不现实，在遇到困难的时候不愿意寻求帮助而无法适应，或者丈夫和家庭成员很少一起照顾婴儿且在心理上给予支持不够等，这时产妇就会产生巨大的心理压力，容易导致抑郁情绪的发生。

（4）睡眠不良。产妇睡眠不足或睡眠质量不佳，容易产生委屈、烦躁、易怒的情绪，进而对丈夫和婴儿产生怨恨和抑郁情绪。

（5）家庭经济原因。家庭经济困难可能会使产妇担忧自己和婴儿今后生活问题，容易产生悲观的抑郁情绪。

（6）患有产前抑郁。有些产妇产前就有抑郁情绪或抑郁症状。怀孕期间的生活压力或负面事件也会导致抑郁、焦虑的发生，若这些抑郁情绪未被有效疏导或治疗，则产妇更容易在产后复发抑郁。

2. 导致产后抑郁的危险因素

炎症、睡眠障碍、压力、身体疼痛、心理创伤或者有虐待或创伤史等是导致产后抑郁的危险因素，其中，炎症是其他所有危险因素的基础。危险因素可导致产妇免疫系统释放引起身体炎症和抑郁症的细胞，增加患抑郁症的风险；患抑郁症的母亲则会释放更多的炎症细胞，从而引发更多的炎症。

三、产后抑郁的护理和疏导方法

产后抑郁需要心理疏导，首先就是要加强个人的健康状态，每天都要积极向上，解决已有的各种负面情绪。对大部分产妇来说，产后抑郁的一些表现经过一段时间就会自然消失，一切恢复正常，对于少部分产妇来说则比较困难。泌乳顾问可通过以下方式，指导、帮助产妇调节情绪，实现产后抑郁康复。

1. 营造健康的产后休养环境

产妇产后比较虚弱，要根据产妇生理特征需求调节室内的温度、湿度，创造安静、舒适、健康的休养环境，确保产妇能够得到充足的睡眠和休息，消除分娩和产后初期体力消耗过大造成的心理负担。

家人的陪伴可减轻产妇心理压力，让产妇心态积极健康，减轻分娩和产后初期这一艰难阶段的各种不适和不安情绪造成的心理负担，以积极乐观的态度接受多种变化。

2. 帮助产妇获得心理满足感

泌乳顾问要向产妇讲授正确的哺乳知识和技巧，宣传婴儿护理等知识，指导产妇通过正确喂养、与婴儿亲密接触等获得哺乳自信心，从而获得心理满足和更大成就感，减少各类不良情绪的产生。

3. 指导产妇合理饮食

合理饮食和充足营养是产妇获得良好心态和健康身体的基础。泌乳顾问要指导产妇合理安排膳食，保证充足的营养供给，增强产妇体力，帮助产妇更好地恢复，有一个好心情。

4. 指导家属协助配合

泌乳顾问应指导家属帮助产妇科学照顾婴儿，配合做好对产妇的呵护、关爱、鼓励和心理疏导，减轻产妇的压力和负担，增强产妇对产后生活的自信心，营造轻松和谐、宽松愉悦的氛围，避免对产妇的不良刺激。鼓励产妇采用与好友或家人聊天倾诉等方式宣泄自己的情绪，防止不良情绪进一步激化。

5. 行为调整法

女性生产后不适于做剧烈运动，但进行一些适当的放松活动是非常必要的，例如深呼吸、散步、打坐、冥想平静的画面、听舒缓优美的音乐等；可以做适量的家务劳动和体育锻炼，不仅能够转移产妇注意力，不再将注意力集中在婴儿或者烦心的事情上，还可以使产妇体内自动产生快乐元素，使心情从内向外快乐起来。

四、产后抑郁的治疗与母乳喂养

1. 产后抑郁症的治疗策略

抑郁症需要治疗，不可忽视不管，泌乳顾问要引导母亲去寻求专业的药物或非药物治疗。

在考虑治疗抑郁症之前，应先检查是否存在器质性原因，如甲状腺疾病和贫血。如果产妇出现一些危险迹象，如抑郁状况明显，严重干扰日常生活或无法照看婴儿；感觉极度疲倦和严重失眠，连续几天无法入睡；感到绝望和无助；感到失落、没有动力，对自己和家庭失去兴趣；有想要伤害婴儿的冲动或不想照看婴儿；有自杀或其他古怪言论、滥用药物、体重快速下降、无力下床等现象，需要立即前往就医。

（1）帮助需要药物治疗的哺乳母亲。大多数抗抑郁药被认为不影响母乳喂养，但是一些哺乳母亲担心成瘾、副作用、可能对母乳喂养的婴儿造成伤害等而不愿意服用。泌乳顾问要建议有症状的哺乳母亲寻求专业治疗，且跟主治医生讨论治疗方法能否与母乳喂养相容。

产后抑郁严重的哺乳母亲可能需要住院治疗。当哺乳母亲不能照顾婴儿或她服用药物与母乳喂养不相容时，谨慎和逐步地离乳应该被视为给哺乳母亲治疗的一部分。离乳期间发生的变化可能会影响哺乳母亲的心理和情绪状态。突然断奶会加重炎症，可能导致病症的恶化。

（2）加速康复的方法。心理治疗、人际关系治疗在预防和治疗高危人群的产后抑郁方面很有效。同时，身体锻炼可以减轻产后母亲的炎症，改善情绪，建议每周锻炼 3 次，每次进行 40 min。对于中度抑郁患者，推荐 20～30 min 的锻炼，每周 2～3 次；对于重度抑郁患者，推荐 45～60 min 的锻炼，每周 3～5 次。

2. 产后抑郁哺乳母亲的母乳喂养

当哺乳母亲有产后抑郁时，需要立即对母亲提供帮助，因为她和她的孩子有遭受严重伤害的危险。

母乳喂养可减轻压力并促进睡眠，当母乳喂养进展顺利时，还会减少炎症、增加哺乳母亲的幸福感，快乐的母亲能更好地养育出身心健康的孩子。

泌乳顾问不要暗示哺乳母亲的抑郁症已经"伤害"到了婴儿，而是应当强调，当母亲寻求治疗时，母婴都会受益。

3. 敏感特质哺乳母亲的母乳喂养

在人群中大约有 15%～20% 的人存在性格内向、高度敏感的人格特质，非常关注周围的环境，包括周围摆设的变化、环境气味的变化等；做事情擅长思考，甚至是停不下来的反复思考和纠结，很擅长自我反思；非常注重细节，很有同情心，泪点往往比较低，很容易深度共情，富有创造力。

敏感是先天的，高度敏感人群会比其他人更了解细节的微妙变化，大脑处理信息更快并会对其进行更深入的思考，情绪往往容易被外界的信息而干扰。很多产后抑郁的哺乳母亲实际上都存在一定的高敏特质，对于婴儿一些常见的状况过于焦虑,例如对母乳喂养的婴儿的大便中出现良性且极其微量的血丝而表现过度担心,对婴儿生长曲线尚在正常范围的波动过度焦虑,常常会低估婴儿的发育水平,面对各种纷繁复杂的育儿理论和信息无法找到适合的养育策略等。

因此,泌乳顾问要识别哺乳母亲的敏感气质或者婴儿的敏感气质,从全新的角度促进母乳喂养。

> **知识拓展**
>
> ### 产后抑郁自我小测试
>
> 产后抑郁的表现与一般的抑郁有些不同,新妈妈不妨自我测试一下,近两周内,自己是否有以下表现和感受。
>
> (1)白天情绪低落,夜晚情绪高涨,呈现昼夜颠倒的现象。
>
> (2)几乎对所有事物失去兴趣,感觉到生活无趣无味,甚至有"活着等于受罪"的想法。
>
> (3)食欲大增或大减,体重增减变化较大。
>
> (4)睡眠不佳或严重失眠,白天昏昏欲睡。
>
> (5)心里焦虑不安,常为一点小事而恼怒,或者经常不言不语、不吃不喝。
>
> (6)感到身体异常疲劳或处于虚弱状态。
>
> (7)思想不能集中,语言表达紊乱,缺乏逻辑性和综合判断能力。
>
> (8)有明显的自卑感,常常不由自主地过度自责,对任何事都缺乏自信。
>
> (9)反复有自杀的意念或企图。
>
> 测试解析
>
> 第一种情况:如果这9道题的答案,有5条及以上为"是",且这种状态持续了两周的时间,那么就要怀疑患有产后抑郁,需要及时就医。
>
> 第二种情况:如果这9道题的答案只有1条为"是",但每天都出现,那么也应该警惕,防止产后抑郁的发生。
>
> 第三种情况:如果不满足以上两种情况,但又感到有些情绪低落,仍然需要就医,排除产后抑郁的风险。

五、哺乳母亲的健康恢复

哺乳母亲健康的生理和心理状态,对于母乳喂养顺利进行、与婴儿建立亲密的亲子关系至关重要,能有效避免婴儿因缺乏安全感导致的哭闹增多。泌乳顾问应在产后恢复的最佳时期,指导哺乳母亲关注身体的状态。

产后健康恢复是指产妇在生育后,对气血流失而导致身体虚弱进行生理上一系列的恢复和一定的调养,包括内外生殖系统的恢复与改善、体质体能的重塑、内分泌的调节、形体的恢复、心理的调适等。在这个阶段,哺乳母亲应进行综合调理,使身体机能达到最佳平衡,平稳过渡到正常生活阶段。

1. 提醒哺乳母亲增加休息时间

哺乳母亲应注意劳逸结合,增加睡眠的时间。婴儿胃容量小,营养需求高,生长发育快,哺乳母亲需要频繁地给婴儿哺乳,从而改变了原来的作息时间和规律。泌乳顾问应指导哺乳母亲与婴儿同步休息,采取床上舒适的哺乳姿势,如侧卧式哺乳、半躺式哺乳等,方便哺乳母亲在哺乳结束后与婴儿一同休息。

2. 鼓励哺乳母亲进行适当运动

产后适当运动有利于改善哺乳母亲的心血管弹性、血脂指数和胰岛素反应,还可有效改善情绪,减轻抑郁症状。适当运动不会影响乳汁分泌和乳汁成分,但高强度、过度运动会增加母乳中乳酸的含量,因此要适当运动。

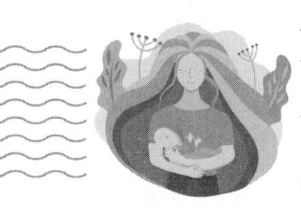

第五章 母乳喂养行为规范与增加泌乳量的方法

第一节 母乳喂养行为规范

一、婴儿的寻乳反射

1. 寻乳反射含义

婴儿先天反射包括迈步反射、抬头反射、挥舞手臂和蹬腿反射、寻乳反射、吸吮反射和吞咽反射等。哺乳母亲用乳房接触婴儿的下巴和脸颊,婴儿的手部活动帮助他找到并衔住乳头,开始吸吮,称为寻乳反射。当婴儿躺在哺乳母亲身上时,他的反射动作也会影响哺乳母亲的激素水平,为母乳喂养做好身体上的准备。

2. 寻乳反射的触发

婴儿的寻乳反射行为主要是依赖其正面靠在哺乳母亲身体上的感觉而触发和维持的,饥饿感和口渴感会刺激婴儿寻觅乳房和摄食,听觉、嗅觉和视觉感官也能引导婴儿至乳房,如图 5-1 所示。

二、婴儿的吸吮机制

在所有的喂养姿势中,婴儿的吸吮机制通常有

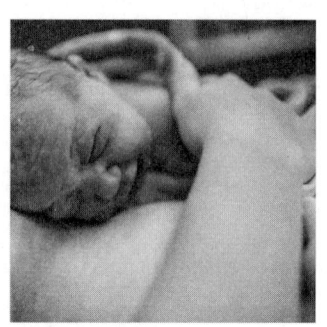

图 5-1 婴儿的寻乳反射

如下顺序：当婴儿贴在乳房上时，触碰他的下巴可刺激婴儿张大嘴巴、舌头下沉，当婴儿衔住乳头并开始吸吮时，其舌尖会向外延伸至下唇，此时，如果婴儿稍稍向后倾斜头部，就会更顺利地吞咽。婴儿通过降低舌头并产生口腔的负压，就可以从乳房中吸出乳汁。

三、采用正确舒适的哺乳姿势

正确的哺乳姿势是确保哺乳母亲舒适地哺乳以及婴儿顺利吃到母乳的关键，还可以避免很多母乳喂养初期的常见问题。不管哺乳母亲选用哪种姿势给婴儿哺乳，都要让婴儿完全侧身和哺乳母亲"腹部贴紧腹部"，使婴儿的嘴唇正对乳房，不需要扭过头去衔乳头。泌乳顾问要指导哺乳母亲调整婴儿耳朵、肩膀和臀部在一条直线上，在婴儿衔乳时，使其下巴应紧贴乳房。

1. 摇篮式哺乳和侧躺式哺乳

采用摇篮式与侧躺式哺乳姿势（见图5-2和图5-3）时需提供良好的身体支撑，哺乳母亲需要确保婴儿的躯干、臀部和腿部与哺乳母亲的身体保持无间隙接触，使婴儿的肩部和臀部能获得很好的支撑。避免对婴儿的背部和头部施加压力，否则婴儿会感受到压力而推开乳房。

图5-2 摇篮式哺乳

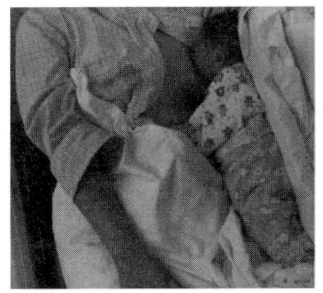
图5-3 侧躺式哺乳

2. 后躺式哺乳

采用后躺式哺乳姿势（见图5-4）时，因为乳房是圆形的，婴儿的身体可以在哺乳母亲的三个大体方向上（纵向、横向、斜向）躺着，形成多种不同的哺乳姿势。

3. 交叉摇篮式哺乳

这个姿势可以在母乳喂养的初期使用。让哺乳母亲把住婴儿使两人"腹部贴紧腹部"，这样婴儿正对着乳房，不需要转头去费力地衔乳（见图5-5）。泌乳顾问应指导哺乳母亲将手放在婴儿的耳后，以便更好地调整婴儿的头部。

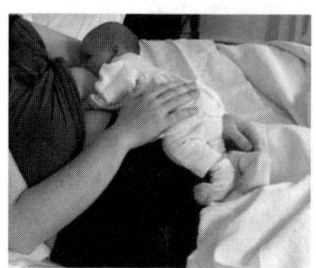

图5-4 后躺式哺乳

图5-5 交叉摇篮式哺乳

4. 橄榄球式哺乳

泌乳顾问指导哺乳母亲在身体一侧放一个枕头，把婴儿放在枕头上。哺乳母亲把手放在婴儿的耳后，用手掌和胳膊支撑婴儿的背部。在哺乳母亲的胳膊、手腕下再塞一个枕头或裹起的毯子给予支撑，将婴儿调整到胸部的合适高度，让其衔乳（见图5-6）。

图5-6 橄榄球式哺乳

第二节 婴儿的状态与夜间哺乳

一、婴儿的状态

进行母乳喂养时，婴儿需要保持一个稳定的状态才能获得足够的乳汁。泌乳顾问在进行指导时也需要观察婴儿的状态，例如，激烈哭闹的婴儿很难进行含接乳房的评估，进入睡眠的婴儿很难被唤醒进行喂养。很多情况下哺乳母亲向泌乳顾问求助泌乳量的问题，是因为婴儿不好安抚、睡眠时间短、哭闹多等原因，但往往经过评估后，哺乳母亲的泌乳量是正常的，婴儿的体重增长也在正常范围之内。面对这样的问题时，泌乳顾问需要向父母解释婴儿正常的状态，了解婴儿的各种需求，这不仅有助于母乳喂养，还可减少父母的挫败感。

泌乳顾问需要教会新手父母识别婴儿的状态和发出的信号，并能正确解读婴儿的需要，明确应如何更好地回应婴儿的需要。婴儿有天生的不同气质类型，表现出来的行为特点也差距很大。婴儿会使用简单的暗示行为与母亲沟通，当婴儿处于正常状态时，需要跟母亲互动、被喂养；相反，当婴儿处于应激状态时，排除一些身体不舒适的原因，往往婴儿身体扭动表现出烦躁在暗示离开当前过度刺激的环境。

1. 正常状态

（1）生理状态。婴儿吸吮正常，睡眠正常，哭声有力，脸部放松，肌张力、呼吸正常，大小便正常。

（2）精神状态。稳定状态下婴儿看起来安静，与母亲有互动，对周围环境的刺激反应正常，容易安抚。

2. 应激状态

（1）生理状态。无法正常喂奶，婴儿皱眉、手脚乱舞、身体拱起、手指张开，喘气、憋气，皮肤颜色改变，肌张力强或者肌张力弱。

（2）精神状态。婴儿烦躁紧张，易激惹，高警觉，对周围环境的刺激反应过度，哭闹多，无法安抚。

> 知识拓展
>
> **正常的睡眠模式**
>
> 每个婴儿都是独特的个体，习性不同，睡眠规律不同，泌乳顾问需要指导母亲了解婴儿的各项特质，减少新手父母的担忧，提升母乳喂养的成功几率。婴儿正常的睡眠范围很广，对于一个月大的婴儿，每天的平均睡眠时间是 14 h，有些健康的婴儿睡眠超过或不足平均小时数也是正常的。
>
> 睡眠是生命早期大脑感觉神经系统发育及维持大脑可塑性的生理基础，是保障机体功能正常运转的基本生理需求。婴儿与成人有着不同的睡眠周期。成年人的睡眠周期大概 1 h 左右就会改变睡眠的模式，由浅睡眠转入深睡眠，再由深睡眠过渡到浅睡眠。婴儿的睡眠周期在出生后四个星期内以浅睡眠为主，每 20～30 min 转变一次睡眠周期，深睡眠

对于早期的婴儿来说不正常也不够健康。哺乳母亲经常发现,喂母乳时婴儿好像睡得很沉,一旦把婴儿放到床上就会醒过来,原因就是婴儿已经完成了20～30 min的一个睡眠周期,这种情况下,泌乳顾问可以指导哺乳母亲再多喂婴儿一会儿,婴儿又会进入一个睡眠周期。在评估婴儿睡眠状况时,很多哺乳母亲过分强调婴儿醒来的次数和频率,期待婴儿有长时间的深睡眠。泌乳顾问需要指导父母认识到婴儿不同月龄睡眠模式的不同,教会父母解读婴儿行为的能力,观察婴儿的肢体语言。

3. 婴儿的6种状态

按照婴儿的警觉性水平可以把婴儿的状态分为6种:深睡眠、浅睡眠、昏昏欲睡、安静清醒期、活动清醒期、哭闹期,见表5-1。除了深睡眠和哭闹期,其他4种状态下均可以进行母乳喂养。浅睡眠易被叫醒,婴儿的这种能力对于婴儿健康和安全很重要,可预防婴儿猝死综合征。

表5-1 婴儿状态

状态分类	婴儿表现	泌乳顾问指导
深睡眠	睡着且呼吸规律,肢体松软、放松、无力。会因为外界突然的声音有惊吓动作。很难被吵醒,若吵醒,很快会再度入睡	母亲可以休息
浅睡眠	会做梦,有快速的眼部动作,睡着但肢体会出现很多动作,有脸部动作和表情,甚至可以看到眼皮下眼球在转动。比较容易被吵醒	对于婴儿表现出来的动作和声音,不要过多打扰
昏昏欲睡	时而张眼或闭眼,反应比较慢,眼皮看起来比较沉重。容易被唤醒	可以给婴儿哺乳,也可以通过皮肤接触唤醒婴儿吃奶
安静清醒期	肢体动作很少,呼吸规律,眼睛睁大而明亮。很容易受到外界的刺激	观察婴儿寻乳的反射,主动给婴儿喂母乳
活动清醒期	肢体动作多,吸吮手指。脸部表情丰富,眼睛可以睁大,有时较烦躁。对外界刺激敏感	识别婴儿吃奶的信号,若婴儿的头转向母亲,睁大眼睛,直视母亲的脸,嘴巴张开,伸出舌头做出吸吮的动作,流口水,吃手,应给婴儿喂母乳
哭闹期	呼吸不规则,哭闹,肤色改变,通常会紧握拳头,并把拳头贴着脸	哭闹有时是饥饿的最后一个信号,母亲应快速反应并给予安抚,以平稳温和的语调与婴儿说话,把婴儿舒适地抱起来、抚摸,然后尝试哺乳

二、睡眠与哺乳的关系

婴儿需要依赖母亲来维持稳定感和安全感,在母亲身边的婴儿,心率、呼吸和体温都更稳定,无论是白天还是黑夜,婴儿都期望安全地待在母亲身边,来满足生理和情感上的需要,通常在需要吃奶和重新建立跟母亲的联系时醒来。同样,母亲也需要婴儿晚上醒来吃奶来建立泌乳量,维持泌乳,缓解乳房的肿胀。

与其他哺乳动物相比,人类婴儿出生时非常不成熟,在所有哺乳动物乳汁中人类乳汁的脂肪和蛋白质含量是最低的,母亲需要将婴儿带在身边,全天候喂食。因此,母乳喂养的婴儿所需的哺乳不会随着其生长发育而日益减少。许多母乳喂养的婴儿不符合基于奶瓶喂养规范的哺乳和睡眠期望,即婴儿在哺乳后应该足以维持数小时的时间,并且可在夜间长时间地独自睡觉。当母乳喂养的婴儿的自然哺乳方式与这种认知相冲突时,新手父母会感到焦虑。

事实上,一些推荐的哺乳时间表更符合奶瓶喂养规范,而非母乳喂养规范。奶瓶喂养速度更快,流量更稳定,婴儿每次可摄入更多的乳汁,因此每天喂养次数更少。许多母乳喂养的婴儿在晚上哺乳的频率较高,而早晨则较少。在此期间,对婴儿可以不规则的时间间隔进行母乳喂养,即在一天中的部分时段"密集型哺乳"或密集式喂食。许多新生儿有一个长达 4～5 h 的睡眠时长,不要在这种长时间的睡眠过程中唤醒婴儿,除非婴儿每日喂养少于 8 次、体重增加低于平均水平。为了使婴儿夜间睡眠时长达到最长,夜间刺激应保持最小,尽量做到光线要暗、声音要低、活动要少,只在婴儿排便时才换尿布,尽量减少干扰,使母乳喂养更方便。当婴儿睡觉时,选择哺乳母亲也可以睡觉的母乳喂养姿势。泌乳顾问要鼓励哺乳母亲学会躺着喂奶、半躺喂奶、侧躺喂奶,夜里哺乳母亲就可以和宝宝睡在一起。

母婴同睡是母乳喂养正常的母婴睡眠状态,泌乳顾问需要向哺乳母亲解释并支持她选择合适的夜间哺乳姿势,有助于其母乳喂养。母乳喂养的婴儿跟哺乳母亲同睡的时候,他们的睡眠是同步的,母亲醒的时候婴儿也醒来,婴儿醒的时候母亲也会醒。母婴醒来后,婴儿会来找乳头,两个人侧身,就可以自然喂奶了。母乳喂养期间哺乳母亲身体会分泌很多放松的激素,促进哺乳母亲喂完奶后尽快进入深睡眠,这样哺乳母亲可以在夜里更容易知道婴儿吃奶的信号,并快速哺乳;婴儿醒来寻求安抚时可以从母亲的呼吸和气味中得到安抚,然后继续入睡。母婴同睡时母亲会本能地采用怀抱的姿势,给婴儿建立一个保护圈,帮助婴儿维持一种健康而不过于深沉的睡眠节奏，然后渐渐引导婴儿进入更加成熟的睡眠模式。

> **知识拓展**
>
> ### 安全的婴儿睡眠习惯
>
> 泌乳顾问可以指导哺乳母亲参考表 5-2 中安全和不安全的睡眠习惯，以帮助哺乳母亲找到一个安全可行的解决方案。
>
> 表 5-2　安全和不安全的睡眠习惯
>
> | 安全的睡眠习惯 |
> | --- |
> | （1）让婴儿仰卧着睡觉
（2）在坚实平坦的平面上睡觉，如远离墙壁处、地板上的结实床垫，或附接在成人床上的"共眠式"婴儿床或小儿床
（3）把床垫周围的毯子掖好，以免蒙住婴儿头部
（4）根据室温调整婴儿的衣服 |
> | 不安全的睡眠习惯 |
> | （1）将婴儿暴露于吸烟环境
（2）和婴儿在沙发、睡椅、坐卧两用沙发或者水床上入睡
（3）让婴儿的脸朝下（俯卧）或侧卧睡觉
（4）与其他子女或饮用了酒精、镇静剂或其他影响大脑清醒药物的成年人共用一张床，或让婴儿独自睡在成人床上 |

第三节　增加泌乳量的方法

一、深衔乳技巧

一般而言，哺乳母亲的乳头应延伸到婴儿硬软腭交界处 5 mm 以内。乳头到达这个区域时，母乳喂养通常是舒适且有效的。不对称衔乳是实现深衔乳的一种方法，即婴儿用下颌覆盖的乳房部分比上颌覆盖的更多，使乳房"偏离中心"（见图 5-7），这样可以使乳头更深入地伸到婴儿口腔内。

图 5-7　不对称衔乳

深衔乳的难易程度与母乳喂养的姿势有关，尤其是在早期。采用后躺式哺乳姿势时，重力作用可以自然地保持婴儿的头部、下巴和躯干与哺乳母亲的身体接触，以帮助婴儿更加贴近乳房。

二、乳房塑形

乳房塑形是指哺乳母亲用手将乳房组织进行固定，帮助婴儿含接乳房。当婴儿努力、主动地探寻乳房时，乳房塑形会使衔乳变得更轻松。

1. 乳房三明治法

乳房三明治法就像成人捏着汉堡让婴儿张大嘴巴吃的样子，哺乳母亲捏着乳房可帮助婴儿下颌含住更多乳房组织。

2. 乳头倾斜

哺乳母亲把乳头放在婴儿鼻尖下、上嘴唇上，使婴儿需要稍稍往外仰头去衔乳，就能把下颌往乳房上贴得更紧，加深了衔乳，哺乳母亲的乳房也不会堵住婴儿的鼻子。

三、乳房按压

乳房按压可以帮助吸吮力弱的婴儿主动吮乳更长时间，吃到更多乳汁。乳房按压要注意以下技巧。

（1）先让婴儿深入含住乳房。

（2）婴儿吃奶期间，注意吸吮的情况和吞咽的声音，当婴儿停止积极吸吮时，哺乳母亲用一只空出来的手，将拇指放在乳房一侧，其余的手指放在乳房另一侧，对乳房的腺体施加轻微的压力，以使乳房不感到疼痛为宜。注意手指需要放在离乳头和乳晕足够远的位置，以免妨碍婴儿衔乳。

（3）按压乳房后，一旦乳汁因压力开始流动，婴儿就会开始吮吸和吞咽，此时哺乳母亲的手仍不应离开乳房，而应等到婴儿暂停吸吮时才放开手休息。

（4）不要用手指沿着乳房滑动摩擦，且不要用力按压，以免造成不适或疼痛。

（5）适当按压乳房不会造成乳房受伤，且能使婴儿吃到更多乳汁，持续在每一次哺乳时都重复这个技巧，效果会越来越明显。

四、用手挤奶

用手挤奶可用于缓解乳房充盈、刺激泌乳。用手挤奶的技巧因女性的乳房形态、大小而异，想要熟练掌握需要不断练习。

每位哺乳母亲都需要在她的乳房上找到"最佳挤压点"，以获得最佳的乳汁流动效果。在练习时，可尝试在乳晕上贴上一个小小的圆形创可贴，有助于更容易地找到"最佳挤压点"。

用手挤奶的方法如下。

（1）如果挤出的乳汁要给婴儿喂食，首先要洗净双手，并使用干净的勺子或宽口的收集容器。

（2）在挤奶之前，用手、柔软的婴儿按摩刷或温暖的毛巾轻轻按摩乳房。

（3）坐起来，上身微微前倾，利用重力促进乳汁流动。

（4）为了找到"最佳挤压点"，首先将拇指放在乳房上方，其他手指放在乳房下方距离乳头约4 cm处（每个人的"最佳挤压点"会有差异）。向胸壁施加稳定的压力（不要弄痛乳房），连续数次。如果没有挤出乳汁，将手指和拇指放置更远离或更靠近乳头的位置重新找"最佳挤压点"，再按压几次。重复移动手指和拇指，直到感觉到更坚实的乳房组织，然后施加压力挤出乳汁。如果已找到"最佳挤压点"，再次用手挤奶时，可跳过"查找"阶段，直接将手指放在该部位上。

（5）应朝向胸壁施加稳定的压力，而并非向着乳头。向内施加压力时，拇指和其他四指的指腹同时向内按压（推进，不是向外挤出乳头），找到一个很好的"按住—挤压—放松"节奏，类似婴儿的吮乳模式。

（6）每隔几分钟（每侧乳房挤奶5～6次）换到另一侧乳房，转动手指在乳房上不同的位置按压，使乳房所有区域的乳汁都挤出来并感觉柔软，通常需要20～30 min。

（7）避免手指在皮肤表面滑动摩擦或过于用力下压乳腺组织造成皮下出血。如有疼痛或不适，可能是按压乳房用力过大。

五、乳旁加奶法

一些早产儿或生病的婴儿由于虚弱或容易疲倦无法正常有效吮吸乳房，一些母亲由于乳头的形状、先前的乳房手术、乳房腺体不足等无法分泌足够的乳汁，但她们仍然希望实行乳房哺乳，可以采用乳旁加奶方法。

乳旁加奶软管可以购买市售的专用装置，也可以利用一根 5 号或 6 号的鼻饲管自制乳旁加奶装置（见图 5-8）。

六、吸奶辅以手按摩乳房

使用吸奶器时辅以手按摩乳房，相比单纯吸奶可以获取两倍多的乳汁。这种方法多为早产儿母亲所采用，对于泌乳量下降的母亲，使用这种方法可以帮助增加乳汁分泌量。

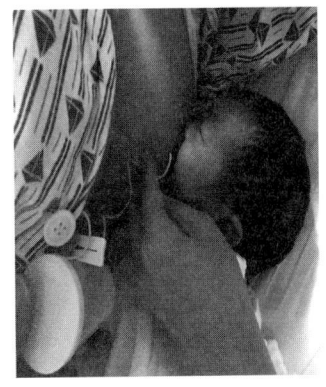

图 5-8　乳旁加奶

吸奶辅以手按摩乳房的操作步骤如下。

（1）按摩双侧乳房 1 ~ 2 min。

（2）使用双边吸奶器，在吸奶时尽量按压乳房（按压时注意需要有一定力度，但不能使乳房疼痛，以免造成乳腺炎，见图 5-9），直到乳汁流量减慢至点滴流出，停止吸奶。

（3）再次在感觉充盈的乳房部位集中按摩。

（4）用手挤奶的方法将乳汁挤入吸奶器的喇叭并收集于相连的容器，交替挤两侧乳房，直至排空乳房。整个过程平均需要 25 min，时间不宜过长。

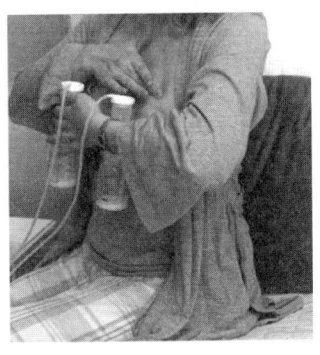

图 5-9　吸奶辅以手按摩乳房

七、关于泌乳量的误解

生活方式影响泌乳量的常见误解包括如下几点。

（1）喝更多的汤和水会增加泌乳量。

（2）母亲偏食会影响泌乳量（除非她的饮食比较极端）。

（3）母乳喂养的婴儿经常想吃奶、易醒或哭闹等，只要婴儿体重正常，这些都不是泌乳量低的标志。

乳房发生以下情况，不一定表示泌乳量低。

（1）无法挤出很多乳汁（挤奶是一种需要学习的技能，通过多练习即可改进）。

（2）乳房柔软（这种情况发生在分娩激素趋于平缓时）。

（3）未见漏奶（不是所有的哺乳母亲都会漏奶）。

（4）感觉不到喷乳反射（许多哺乳母亲都感觉不到）。

（5）乳汁看起来很稀薄（这是人乳的本来外观）。

（6）婴儿在母乳喂养后愿意吸吮奶瓶里的乳汁（流速如此之快，婴儿可能会过度喂养）。

第六章
评估母乳喂养和婴幼儿发育

第一节 收集并记录母乳喂养信息

为了让哺乳母亲有效地进行母乳喂养并得到持续的帮助，泌乳顾问需要先深入了解母婴双方全面的信息，包括：了解母婴双方的健康史，观察喂养过程，检查哺乳母亲的乳房和乳头、婴儿的口腔状况，帮助哺乳母亲识别哺乳问题可能的原因等。绝大多数问题发现得越早越容易解决。泌乳顾问应使用专业咨询方式，通过与哺乳母亲紧密合作，在尊重个体差异的前提下，来确定并实施解决问题的具体方法。

一、收集母乳喂养信息

1. 收集母婴双方的健康信息

（1）了解哺乳母亲的健康情况

1）明确母乳喂养目标。

2）全面了解各项健康信息。

①体重情况：是否超重、肥胖或孕期体重增长过多。

②是否患疾病或与激素有关的健康病症，如Ⅰ型或Ⅱ型糖尿病、多囊卵巢综合征、高血压等。

3）了解分娩情况。一些女性经历难产或创伤性分娩会导致乳汁分泌不足或泌乳增多延迟，这可能导致婴儿因饥饿而受到应激，引发喂养问题。

4）了解产后的相关情况。哺乳母亲的精神、情感、心理、身体等有哪些变化，从丈夫和家人、朋友那里得到了哪些帮助等。

（2）了解婴儿的健康情况。询问哺乳母亲婴儿是否有一些可能会影响母乳喂养效果的症状。

2. 了解哺乳母亲的喂养史

泌乳顾问向哺乳母亲询问下列问题，了解她以往和现在的喂养情况，可以判断其目前的哺乳问题是否受到了以往经历的影响。

（1）是否有纯母乳喂养较大婴儿的经历。

（2）以前是否出现过泌乳量不足的情况。

（3）过去的喂养经历如何。

（4）这次的母乳喂养进行的怎么样，可能会面临什么问题。

3. 检查哺乳母亲的乳房和乳头情况

乳房出现如下情况，有可能会影响母乳喂养的效果。

（1）乳房问题。发育不全、乳房手术或损伤、丰胸、皮疹、瘢痕。

（2）乳头问题。大、小、扁平、凹陷、小白泡、皲裂、发炎、红肿。

泌乳顾问评估哺乳母亲分泌乳汁是否充足时，需要进行系统全面的评估，包括乳房的形态、孕期乳房变化、母婴在哺乳过程中的配合、婴儿口腔的动力等多个方面，单纯从乳房的角度推断泌乳能力是不准确的。

二、记录母乳喂养信息

泌乳顾问要将收集的上述母婴双方信息，及时、全面地记录下来，进行母乳喂养的综合评估，对成功指导母乳喂养具有重要意义。泌乳顾问记录时可以参照哺乳咨询记录表（见表6-1）和哺乳咨询后续跟踪记录表（见表6-2）。表中概括了母乳喂养过程中常见的问题、对母婴总体情况的评估、喂养关系的评估，涵盖以下几方面。

1. 母亲方面

评估母亲身体、精神和心理状态、乳房泌乳功能、家庭支持系统和可能的喂养挑战等。

2. 婴儿方面

评估婴儿身体、精神、行为和心理状态、口腔结构和正常的神经反应和反射等。

3. 母乳喂养方面

评估哺乳母亲和婴儿的母乳喂养姿势、衔乳是否正确、乳汁流出是否有效、乳汁摄入是否充足等。

需要注意,表中哺乳母亲提供的详细个人信息,泌乳顾问必须保密,不能随意公开讨论。如需转介到其他医疗相关人员,得到哺乳母亲的许可后,方可共享表中的信息。

表6-1 哺乳咨询记录表

哺乳母亲姓名：　　　年龄：　　　分娩日期：　　　婴儿姓名：　　　新生儿出生体重：

哺乳母亲健康史：				
□Ⅰ型/Ⅱ型/妊娠糖尿病	□甲亢	□甲减	□高血压/妊娠高血压	
□卵巢囊肿	□贫血	□甲型/乙型/丙型肝炎	□真菌感染	□心脏病
□乳腺纤维瘤	□哮喘	□其他		
目前使用的药物（包括草药）　　处方：　　非处方：				

婴儿健康史：				
□早产	□胎头水肿	□胎头血肿	□低血糖	□黄疸　数值：　　□感染
□低血糖	□唇腭裂	□哮喘	□心脏病	□母婴分离　□其他异常

分娩概况：				
怀孕周：_____				
□自然顺产	□无痛分娩	□产钳	□真空吸胎头	□剖宫产
□头胎	□二胎	□三胎及以上	□试管婴儿	□双胞胎　□多胞胎
产后肌肤接触：□无　□有：　□30 min内　□____h后				

续表

哺乳模式：
第一口奶：□母乳　　□配方奶　　□水　　□葡萄糖　　□其他
纯母乳喂养方式：□直接亲喂　　　□挤出喂　　　□两者都有
吃奶频率：□按需哺乳　　□按时哺乳　　详情：_____
母乳混合配方奶：母乳_____次/日　　配方奶_____次/日_____mL/次
辅助哺乳工具：□小勺　　□小杯　　□注射器　　□乳旁加奶　　□奶瓶 □乳头保护罩

以往哺喂母乳的经验：　□无　　□有
住院期间陪伴的家庭成员： □父亲　□奶奶　□姥姥　□爷爷　□姥爷　□其他亲戚　□月嫂

哺乳母亲主诉问题：
婴儿：
□大便：____次/天　颜色____　□小便：____次　□哭闹　□哺乳频繁　□体重　□嗜睡 □乳头混淆/抗拒乳房　　□溢（吐）奶　　□腹胀　　□过敏　　□其他
母亲：
□乳房问题　□夜间哺乳　□担心奶水不足　□饮食　□疲惫　□生病 □药物　□离乳　□其他

乳房问题检查情况：
乳头形状：
□左侧　□右侧　□双侧　□较短　□扁平　□完全凹陷　□窝状凹陷　□较大 □分叉　□乳头皲裂/水泡/白点
乳房情况：
□没有涨满感　□生理性涨奶　□乳房硬块/乳房淤积 □乳腺炎/红肿　□乳房创伤/手术　□乳房囊肿　□其他

婴儿吸吮检查情况：
□衔乳较深，吸吮连续有力，上下唇外翻，婴儿嘴张的很大，角度大于120° □舌系带短　□唇系带紧　□衔乳欠佳，吸吮无力　□上唇内翻　□下颌未贴到乳房

续表

哺乳母亲的精神和心理上的状态： □放松和舒适　□紧张和不适　□哺乳母亲面对面注视着婴儿 □没有母子眼神交流　□其他 婴儿状态： □安静和放松　□烦躁啼哭　□嗜睡 □饥饿时寻找乳房并觅食　□吃饱后释放乳房

表6-2　哺乳咨询后续跟踪记录表

哺乳母亲姓名：　　　年龄：　　　分娩日期：　　　婴儿姓名：　　　新生儿出生体重：

回访日期	婴儿情况	母亲哺乳期出现的问题	母乳指导建议或解决方法	改善情况
月　　日 产后第　　天	大便（　）次 小便（　）次 体重			

第二节　观察哺乳

观察婴儿哺乳包括母婴之间的喂哺行为、乳房的变化、计算大小便输出量、体重和婴儿口腔等，来判断婴儿是否吃到足够的乳汁，制订个性化改善母乳喂养计划。

一、判断婴儿是否摄入足够乳汁的标志

1. 衔乳

在喂养过程中观察婴儿的吸－吞－呼吸协调是很重要的。健康的足月婴儿会以有节奏和协调的方式吸吮、吞咽和呼吸，有听得到的吞奶声音。

婴儿在吃奶期间，吸－吞－呼吸模式会受到奶流量变化、困倦感和饱腹感等因素影响，一个困倦和不饿的婴儿也会以轻和浅的力度长时间在乳房吸吮，但没有吞奶声音。

婴儿会适应不断变化的奶量速度：喷乳反射出现前以多次快吸少吞的模式；

喷乳反射发生后,乳汁快速流出,转变为一吸一吞的深且长吸吮模式。吸吮节奏会随着婴儿的成长而变化,较大的婴儿可以在短时间吸吮,吃到饱腹的奶量。

2. 观察喂奶前后的乳头和乳房变化

(1)哺乳时母亲乳头感受。乳头疼痛是衔乳浅的征兆,可能导致婴儿乳汁摄入量不足。

(2)哺乳前后乳房的变化。正常哺乳后母亲的乳房会变得柔软,如果喂养后仍是涨满的乳房,意味着婴儿没有吃到足够的乳汁。

3. 计算大小便输出量

每天的湿尿布量和大便量只是一个粗略的乳汁摄入量指标,最终以婴儿的体重增长为准。在最初几周,婴儿每天平均有4次排便,用5~6条湿尿布。但是6周龄后,排便频率会下降,如果婴儿体重增长正常,不需要计算尿布用量。

4. 婴儿体重增加良好

(1)无论采用何种方式喂养,体重增长是准确判断婴儿吃够乳汁的重要标准。大多数新生儿在出生后的最初3~4天都会出现体重减轻的情况,母乳喂养的婴儿平均体重减轻5%~7%,不超过7%~10%。这是因为婴儿体内多余的液体以及胎便排出造成的生理性体重下降。

(2)大多数母乳喂养的婴儿大约在第4天开始体重有所增长,并在第8天左右恢复至出生体重。

(3)根据世界卫生组织对母乳喂养婴儿所定的体重标准,0~4个月龄每周增重113~142 g,4~6个月龄每周增重92~126 g,到了6~12个月龄每周增重50~80 g。

5. 观察喂哺姿势和婴儿的互动

(1)哺乳母亲的身体是否有足够的支撑和感到舒适放松。

(2)是否需托扶乳房。

(3)哺乳母亲和婴儿是否有眼神接触、婴儿烦躁时是否有先安抚。

哺乳母亲需要调整姿势时,泌乳顾问可以用洋娃娃和乳房模型示范如何调整她和婴儿的身体。如非必要,泌乳顾问避免过多主动干预哺乳母亲的做法,应指导和鼓励哺乳母亲和婴儿自行调整姿势,增加母乳喂养自我效能。

6. 婴儿吃够乳汁的"不可靠"表现

（1）婴儿睡过夜不是反映吃够乳汁的可靠指标。

（2）如果婴儿经常在吃奶开始几分钟后便睡着，或长时间含着乳头但很少吞咽乳汁，需要哺乳母亲主动移开乳房，则意味着摄入量不足。

（3）哺乳时乳头保护罩的使用情况。首先泌乳顾问要了解使用乳头保护罩的原因，另外需要评估婴儿在含接乳头保护罩时是否能吃到足够的乳汁。使用乳头保护罩时婴儿看似吃到一些乳汁，但很可能吃到的乳汁量不多。

7. 婴儿的口腔

口腔结构异常，如舌系带（即连接口腔底部和舌头下部的系带）过短（见图6-1）、唇系带过紧、高颚弓、唇腭裂（见图6-2）等可造成乳汁移出减缓或乳头疼痛，最终影响哺乳母亲乳汁分泌。例如，由于婴儿的舌系带短、紧，舌头不能正常地移动，这样动作受限的舌头往往就无法很好地含住乳房，从而影响了母乳喂养。

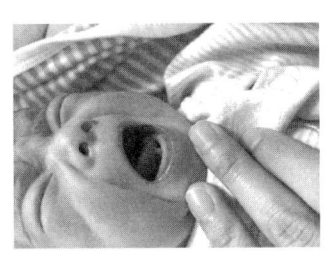　　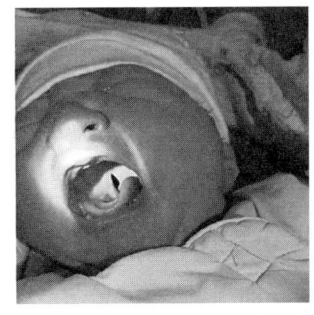

图6-1　舌系带短　　　　　　　图6-2　腭裂

如果婴儿体重增加良好，母乳喂养舒适，则暂时观察一段时间。否则，泌乳顾问应指导哺乳母亲让婴儿更深地衔乳或者用其他的哺乳技巧来矫正。若无法改善哺乳情况，则应寻求专业医生诊断和治疗。

二、制定个性化母乳喂养策略

没有一对母婴的情况是完全一样的，也就是说每一对母婴都需要不同的策略，有时仅略有差异，而有时又完全不同。有些母亲有很强的偏好，这也会影响泌乳顾问该怎样协助她制定策略。

给母亲制定下一步个性化策略需要考虑以下细节和让母亲知道的事项。

（1）母亲想达到的母乳喂养目标：纯母乳亲喂养、纯挤奶喂养、混合喂养。

（2）向母亲解释实行这个策略需要克服哪些挑战。

（3）由母亲决定她和她的家庭可以接受哪些策略，不可以接受哪些策略。

（4）让母亲理解根据她的情况制定策略的原理，使她更容易做出决定。

（5）确保母亲知道这个策略用多长时间，以及如何衡量它是否成功。

（6）告知母亲可能导致的情况，甚至是可能带来的负面影响，清楚的沟通不但可以减少母亲的失望感，而且有助于负面情况发生时的情绪管理。

（7）当一些策略不能达到预期的效果时，有哪些替代的方法。

（8）定期跟进母亲的哺乳进度，鼓励母亲遇到障碍时主动跟泌乳顾问沟通。

第三节　足月婴幼儿的生长曲线图与发育

泌乳顾问在工作中能正确使用婴幼儿的生长曲线图来了解婴儿的整体生长发育情况，解答父母对于婴儿身高体重的疑问，缓解父母担心因婴儿乳汁摄入量不足影响身体发育的焦虑，同时指导父母绘制婴儿生长曲线图来监测婴儿的生长发育情况，判断婴儿的身高体重是否在正常发育范围内。

一、生长曲线图

1. 生长曲线图的定义

生长曲线是根据同一种族、性别、年龄的正常婴儿的各项身体发育指标包括身高、体重、头围等进行搜集、分析，然后绘制而成的曲线，是判断婴儿是否有吃饱、生长发育是否正常的一个重要标准。生长曲线图上标有多条曲线，通常使用3、10、25、50、75、90、97百分位7条曲线，可以作为单一次使用，与群体比较或作个别追踪性的评估。

2. 影响婴儿生长发育的因素

婴儿的最佳生长，就是指在优良的环境下，把从父母所得、早已遗传的生长潜质尽显。孩子的身高体重自然与父母有关系。每个人都是独特的，而且与种族、家族有关。

3. 出生体重

当精子与卵子结合就是婴儿生命的开始，婴儿已从父母基因中选取了其独特的遗传因子，包括肤色、头发、身材、样貌、性情与天赋，并在出生时已有部分显露出来。

母亲在怀孕时若营养不良，会造成婴儿出生体重过轻，这种情况曾在历史饥荒时期或贫困家庭当中出现。目前生活水平条件下，普遍出现怀孕妇女营养过剩，造成婴儿出生过重。怀孕妇女需要健康均衡的饮食，研究显示婴儿出生体重无论过轻或过重，他将来患慢性病的风险都会增加。个别婴儿出生体重是否过轻或过重应以母亲身材相比而定，群体普遍以低于2.5 kg和高于4 kg作为婴儿体重过低和过高的标准。

二、生长曲线图的解读

1. 解读方法

首先需要找到婴儿对应的月龄，然后找到某项身体发育指标的具体数据（比如身高多少cm、头围多少cm、体重多少kg等），然后月龄和身体指标数据的交汇点就会落在或接近于某条百分位曲线。

2. 正确看待百分位线

解读生长曲线图不能只看体重，身高更能反映遗传特性。一百个婴儿之中只有一个婴儿的身高体重处于第50百分位，所以绝对不能将50百分位视为唯一最佳标准。倘若婴儿的身高位于第10百分位，表示该婴儿的身高与100位同性别、同年龄的婴儿比较时，身高由矮到高进行排列，他的身高排在第10位。即是说他比9个人高，比90个人矮，属于正常范围；除非该婴儿患有其他的疾病，否则不需要调整。正常人群都有身高体重个体差异，这是正常的；极端少数异常数据可能反映健康或营养问题。

3. 影响婴儿的身高的因素

婴儿身高受遗传决定，当婴儿的身高按照生长曲线图查询位于第10百分位的情况下，可以推测出该婴儿的父母的身高也在曲线图上显示比较低的百分位，把该婴儿父母身高与18岁同性别参考标准比较，会发现其父母中一位是在第10百分位的，因此该婴儿的身高清楚显示了家族遗传。

倘若父母年幼时由于营养欠佳，身高体重未能达到遗传的最佳状况，子女在环境优渥下长大，最终身高就会超越父母。这种时代变迁的两代差异，会随

着经济发展稳定而慢慢消失。

一般来说,父母较矮,即身高在较低百分位,却想要子女的身高达到生长曲线图上较高百分位,这种不切实际的想法会使父母特别关注婴儿的身高数据,有可能强迫婴儿进食促进身高的生长。泌乳顾问在给父母进行生长曲线解读时,要将影响婴儿生长曲线数值的多方面因素告知父母,教会他们科学使用生长曲线图监测婴儿的生长发育,避免过度喂养致使婴儿营养过剩,为婴儿后期的生长带来不良影响。

三、特殊阶段的生长曲线

从胎儿至一岁期间,饮食营养均衡适度,体重与身高会沿着同一生长曲线成长。如果胎儿期营养过多,那么在出生时体重在较高百分位,几个月后体重会下调。期间会经历胃口下降,几个月后体重会在新的百分位持续至一两岁。倘若胎儿期营养过少,以致出生体重在较低百分位,那么出生后,会上调至本来遗传所给他的百分位,并持续至一两岁。上调的阶段叫追赶生长,把前阶段的缺乏补足至遗传应有的位置。追赶生长是短暂的,如果父母还持续鼓励或强迫饮食,那么体重上移的时间会较长,甚至变成婴儿肥胖。至于出生后的几天,婴儿会有生理性体重下降,然后慢慢回升,如果持续下降,那就必须作进一步检查和治疗。

由于婴儿时期的身高不太会受短期营养的影响,一般都会保持在同一百分位。婴儿最终身高受父母遗传影响,但是在两岁以下,母亲的影响较大。要了解一名婴儿的生长模式,必须同时要认知父母的身高体重与发育情况。

四、婴幼儿生长发育里程碑

生长是指细胞的增殖分化而使器官、组织及身体长大,可用数量表示;发育是指细胞、组织、器官分化与功能成熟,是机体质的变化。泌乳顾问应让哺乳母亲和家人认识到母乳喂养不仅具有积极地促进最优生长模式以及预防疾病的作用,而且对长期的神经发育也有显著的益处。

发育里程碑是指在相同年龄大部分儿童会做的事情,涉及婴儿在成长中需要学习的身体、社交、情感、认知和沟通技巧,这些技巧是相互依存的。

发育里程碑有4个基本类型,即动作里程碑、沟通里程碑、认知里程碑、社交和情绪里程碑。

1. 动作里程碑

动作里程碑包括粗大动作里程碑和精细动作里程碑。粗大动作指的是大肌肉（手臂、身体和腿）的运动能力，如抬头、翻身、坐、爬、走、跑和其他活动的能力，如图6-3和图6-4所示。精细动作指手和手指的运动和协调能力，如抓玩具、捏小丸、串珠、涂鸦、画直线、画圈等。

 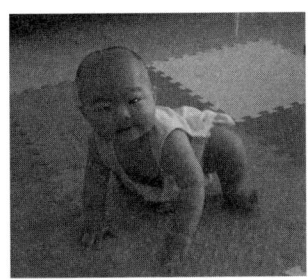

图6-3　3个月婴儿在爬　　　　图6-4　7个月婴儿在爬

2. 沟通里程碑

沟通里程碑主要涉及语言交流，指对语言的理解和口头表达能力，如一岁时学会如何说出第一个单词，五岁时学会一些语法的基本规则，这都属于重要的沟通里程碑。

3. 认知里程碑

认知里程碑是思考、学习和解决问题的能力。婴儿从学习如何应对面部表情开始，到后来的学习，例如，藏物寻找、拿小棍子够东西，学习数字、拼音都属于认知里程碑。

4. 社交和情绪里程碑

社交和情绪里程碑包括单独社会性玩耍、玩玩具、自助技能以及与其他人互动的能力，例如，配合穿衣服、认生、捧杯喝水等。还涉及学习如何与他人互动和玩耍以及同理心的发展，包括表现出对看护者的偏爱，通过面部表情表达情感以及自我安抚等。

通过了解不同的里程碑，父母和泌乳顾问可以更好地了解婴儿的发育情况并注意到潜在的问题。泌乳顾问需要帮助父母认识到母乳喂养正是能够大大促进婴儿发育的最优喂养方式，确保婴儿体格健康成长的同时也能促进其大脑发育，从而建立起母乳喂养的信心。

第七章 职场母亲母乳喂养与婴儿添加辅食

第一节 职场母亲的母乳喂养

一、产假期间的母乳喂养

产后早期是母乳喂养建立的关键期,泌乳顾问应指导哺乳母亲在产假期间为将来返回工作岗位继续母乳喂养打下良好的基础。

1. 建立充足的泌乳量

产假中哺乳母亲应和婴儿亲密相处并建立充足的泌乳量。婴儿出生后最初几周,应重点保证长时间以及较频繁的母乳喂养,以确保之后的泌乳量充足。由于婴儿的适应能力会随着年龄的增长而增加,等到哺乳母亲返回工作岗位后,婴儿就可以遵循哺乳母亲的工作时间表。

2. 哺乳模式

在返回工作岗位前1~2周内,泌乳顾问应指导哺乳母亲记录每天母乳喂养次数,这些基础信息将有助于计算出乳房储奶量和需要挤奶的频率,确保哺乳母亲返回工作岗位后保持稳定的泌乳量。

二、返回工作岗位的准备

产假结束后返回工作岗位,对于哺乳母亲来说是一个挑战。泌乳顾问应指导哺乳母亲适应这种变化带来的压力，并为返回职场后的母乳喂养做好准备。

1. 情绪准备

离开正在母乳喂养的婴儿回到工作岗位的初期，很多哺乳母亲会有挂念婴儿的情绪，需要平缓过渡。如果感到巨大压力，泌乳顾问指导哺乳母亲在工作单位寻找其他也在同时工作和母乳喂养的母亲的帮助，或与当地的母乳喂养支持小组联系，通过倾诉的方式获得支持。

2. 物品准备

为了在母乳喂养或挤奶时更方便，哺乳母亲需要规划工作服装，如选择两件套样式的衣服，可以在不完全脱去衣服的情况下进行挤奶或母乳喂养；为了避免乳汁溢出的尴尬情况，可以选择有图案的上衣，避免纯色衣服。此外，还需准备吸奶器、冰包、溢乳垫等挤奶物品。

三、职场母亲的哺乳方案

在哺乳母亲返回工作岗位前，泌乳顾问需要和她一起确定一个母乳喂养目标，要让其认识到如果实现不了纯母乳喂养，也不应立即断奶，而是尽量多给婴儿喂母乳。泌乳顾问要帮助哺乳母亲找到更多方法，将纯母乳喂养或混合喂养融入工作和生活中。

每个家庭所面临的情况是不一样的，哺乳母亲返回工作岗位的工作方式可以有很多种。根据哺乳母亲工作方式、离开婴儿的时间段、婴儿的月龄大小、哺乳母亲的泌乳量，可以组合出多种兼顾哺乳与工作的哺乳方案，最大程度地促进持续的母乳喂养。泌乳顾问应在与哺乳母亲充分沟通后，根据所面临的具体情况，指导其参照下面的一些方案来找到最适合自己的哺乳方案。

1. 哺乳方案一：完全亲喂的纯母乳喂养

（1）哺乳母亲在家工作，婴儿一直在身边，可随时给婴儿哺乳。

（2）哺乳母亲带着婴儿一起去单位工作，也可以随时给婴儿哺乳。

（3）半天工作日逆循环母乳喂养法，即哺乳母亲在家时密集地给婴儿哺乳，哺乳母亲工作时，家人让婴儿较长时间处于睡眠中。

2. 哺乳方案二：亲喂和挤奶相结合的纯母乳喂养

（1）在工作的间隙多次挤奶。

（2）在家中频繁哺乳之外再挤奶。

（3）工作期间，家人给婴儿喂哺乳母亲挤出的母乳。

3. 哺乳方案三：婴儿月龄较大时，母乳与辅食结合喂养

（1）哺乳母亲在家时亲自哺乳并额外挤奶，而工作时不挤。

（2）哺乳母亲在家时亲自哺乳，只在上班时挤奶。

（3）哺乳母亲工作期间，家人可以用挤出的母乳搭配辅食来喂养婴儿。

4. 哺乳方案四：哺乳母亲的奶量无法实现纯母乳喂养时，可以部分母乳喂养

（1）哺乳母亲在家时亲自哺乳。

（2）哺乳母亲上班时，家人用配方奶或其他辅食喂养婴儿。

（3）哺乳母亲根据自己的泌乳量，选择是否需要在工作时挤奶。

四、寻求更利于哺乳的工作方式

1. 指导哺乳母亲合理安排产假

产假尽可能长，以便充分建立规律的母乳喂养机制。泌乳顾问要在哺乳母亲产假期间就建议她：

（1）保证长时间、较频繁的母乳喂养，以建立足够的泌乳量。

（2）练习挤奶，在上班前的一个月挤出并储存乳汁。

2. 建议哺乳母亲灵活安排工作时间

泌乳顾问可以列举一些较为灵活的工作安排让哺乳母亲选择，比如：

（1）兼职：每周工作时间较短。

（2）轮班工作：与另一位同事轮流做一份工作。

（3）逐步回归：从兼职逐渐过渡到全职。

（4）弹性时间上班：按照婴儿的日常习惯调整工作时间。

（5）缩短每周工作天数：集中几天密集处理一周的工作，留出更多的休息日。

（6）远程在家工作。

（7）将婴儿放在工作单位附近的托育机构，或由附近的育婴人员照护，哺乳母亲根据需要直接去哺乳。

如果哺乳母亲工作场合不适合或工作时间过于紧凑，可考虑逆循环母乳喂养，即白天让婴儿多睡，哺乳母亲回到家后多喂。

3. 寻找挤奶的场所

泌乳顾问指导哺乳母亲通过创造性思维和敞开心扉与同事、领导沟通，在工作场所寻找到可以母乳喂养或挤奶的地点。

第二节　挤奶与储存

一、挤奶

1. 职场挤奶的好处

（1）缓解乳房胀痛，增加乳房的舒适度，防止漏奶。

（2）降低患乳腺炎的风险。

（3）有助于保持泌乳量。

（4）促进婴儿的健康。

（5）避免或最大限度地降低喂养非母乳的成本和健康风险。

2. 挤奶工具

可以直接用手挤奶，也可以用吸奶器吸奶，每种方法各有优缺点。下列情况更适合使用吸奶器。

（1）哺乳母亲每周离开婴儿的时间超过 30 h。

（2）婴儿年龄小于 6 个月。

（3）哺乳母亲无法进行亲喂时，以其他工具喂母乳。

根据哺乳母亲使用的需求，可以选择不同的吸奶器，如图 7-1 所示。

（1）手动吸奶器，操作方便，效率一般。

（2）电动吸奶器又分为单侧吸和双侧吸，通常来说双侧吸奶器效率会更高，能够减少一半的时间，适合已经建立好泌乳量后短暂挤奶或外出使用。

（3）医用级别的吸奶器，适合产后母婴分离时需要建立泌乳量和上班后使用。

通常，每分钟循环 40～60 次的吸奶器是最有效的。吸奶器的匹配度也会影响泌乳量。吸奶器的罩杯口径太小会挤压乳腺管，导致乳汁流动减慢；罩杯口径太大则可能会引起不适，抑制喷乳反射。随着吸奶的进行，大部分哺乳母亲的乳头会变大，乳头与吸奶器的匹配度可能发生改变。泌乳顾问需提醒哺乳母亲经常检查吸奶器是否合适。

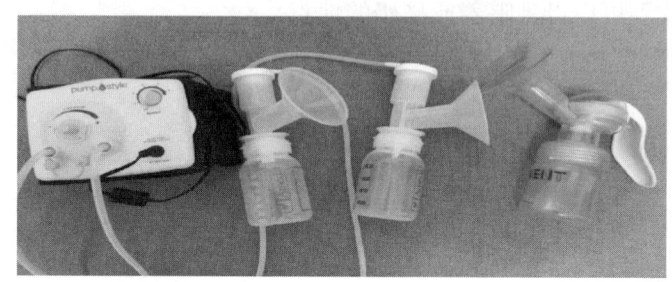

图7-1　电动吸奶器和手动吸奶器

3. 产假期间的挤奶注意事项

母乳能够随着婴儿的生长调节成分和比例，所以大多数情况下，婴儿在不同阶段每天所需的乳汁量几乎是相同的。

（1）上班前3~4周，每天练习挤奶和储存乳汁，通过不断练习更容易挤出更多的乳汁。

（2）如果哺乳母亲在产后约5周开始挤奶，这时泌乳量达到峰值，哺乳母亲每天早上在喂奶后大约1 h挤奶，每次可以挤出的奶量相当于单次喂乳量一半。

（3）产假期间，在不影响母乳喂养的情况下，可用挤奶来舒缓乳房涨奶带来的不适。

（4）挤出最多乳汁的方法

1）起床后挤奶。

2）在母乳喂养后的1~2小时挤奶。

（5）如果在挤奶后，婴儿立刻就要吃奶就立即喂。哺乳母亲也可以挤一侧乳房，留另一个乳房喂奶。

（6）如果母亲在产后6周内上班，则需要在工作时间较频繁地挤奶（每天排空乳房8~10次）才能维持泌乳量，或者在产假期间频繁母乳喂养外加上挤奶，以较早达到充足泌乳量。

4. 工作后的挤奶注意事项

（1）合理安排亲喂母乳和挤奶。哺乳母亲应合理规划母乳亲喂和挤奶的次数，为了尽量减少挤奶，应做到如下几点：

1）哺乳母亲上班之前应喂奶两次，一次是醒来以后，另一次是离开家之前。

2）哺乳母亲下班后，一到家就应喂一次奶。如果哺乳母亲下班前婴儿似乎饿了，可给婴儿喂一点点奶，等哺乳母亲回来后再喂奶。

3）哺乳母亲在家时应频繁母乳喂养，晚上喂夜奶。如果在家喂奶次数较少，上班时要多挤几次奶。

4）尽量减少上下班往返时间以减少母婴分开时间。

5）如果可能的话，在最长的休息时间内进行母乳喂养，例如周末或假期。

（2）保持泌乳量稳定所需的哺乳和挤奶次数。哺乳母亲长期保持泌乳量稳定的一种方法是在上班后仍保持在产假期间每天乳房排出乳汁的次数。乳房储奶量会影响每天需要的挤奶次数，储奶量大的女性每天挤奶次数较少就能维持泌乳量，且每次都能排出更多的乳汁；储奶量小的女性则会更快感觉到涨奶，必须多次挤奶才能挤出相同量的乳汁。这两种类型的女性都有足够的乳汁喂养婴儿，只是挤奶次数有差别。

随着婴儿晚上睡眠时间的延长，哺乳母亲每日排出的乳汁次数可能会下降至维持泌乳量所需的次数以下。如果哺乳母亲泌乳量下降，泌乳顾问可询问她 24 h 内在家里母乳喂养和工作时挤奶的总量，与她在产假时的总挤奶量相比较，若减少，可建议增加每天乳汁的排出次数，可能会提升泌乳量。

（3）保持泌乳量稳定的最长挤奶间隔。为了长期保持泌乳量的稳定，最长挤奶时间间隔应限制在 8 h 以内。排空的乳房泌乳更快，而饱胀的乳房会使泌乳缓慢，因此挤奶时间间隔过长会减少母亲的泌乳量。

二、选用喂奶工具

1. 使用奶瓶喂奶

婴儿 3 ~ 4 周大时才能用奶瓶喂奶，较早开始或定期用奶瓶喂奶会扰乱婴儿在乳房吸吮和移出乳汁的能力。

婴儿的嘴形各不相同，因此要为婴儿找到适合他的奶嘴。尝试不同类型奶嘴的奶瓶，并选择一个婴儿可以接受的、流速慢的奶嘴。喂奶时使用横放奶瓶法，可以有效减慢乳汁的流速，使婴儿摄入足够的乳汁但不至于过量。

用奶瓶喂奶的最佳人选是在哺乳母亲工作时照护婴儿的人。如果照护者能先花一段时间与婴儿相处,开始奶瓶喂养的过程可能会更顺利。如果婴儿不愿意从奶瓶吃奶,建议尝试以下策略。

(1)当哺乳母亲不在家时,让其他人用奶瓶给婴儿喂奶。

(2)婴儿不太饿时用奶瓶给婴儿喂奶。

(3)尝试不同的喂奶姿势。紧紧偎依,正面抱着婴儿让其背靠着照护者的胸部,并抬腿将婴儿支撑起来,或把婴儿放在婴儿座椅上。

(4)用哺乳母亲的睡衣或其他带有哺乳母亲气味的衣服将婴儿包裹起来。

(5)先用温水将奶嘴温热至体温,或将其浸入温热的母乳中。如果婴儿正在长牙,可将奶嘴放在冰箱冷藏后使用。

(6)用奶嘴轻轻碰触婴儿的嘴唇,等他张开嘴巴,让婴儿将奶嘴吸进嘴里,不可把奶嘴塞进去。

(7)如果婴儿抗拒从奶瓶吃奶,可以有节奏地走动,通过行走、摇晃或摇摆让婴儿安静下来,然后再次尝试。

(8)尝试不同类型、不同材质、不同形状的奶瓶和奶嘴。

(9)在婴儿处于半醒半睡时以奶瓶喂奶。

(10)对稍大点能用手拿住东西的婴儿可以给他一个奶瓶,让他玩几天,然后再尝试用奶瓶喂奶。

(11)首先用勺子喂一些奶,然后换用奶瓶;或者让婴儿吮吸一根手指并在他吸吮时沿着他的嘴角将奶嘴送入。

为了防止婴儿逐渐习惯奶瓶,应避免或限制由哺乳母亲用奶瓶喂奶,哺乳母亲只负责亲自哺乳,而由照顾者用奶瓶喂奶。

如果某次哺乳母亲错过给婴儿亲喂母乳,婴儿用奶瓶摄入的乳汁量比母亲挤出的乳汁量更多,这并不一定意味着哺乳母亲泌乳量不足。因为奶瓶中的乳汁不断流动,可能会超出婴儿需要的奶量而导致过量喂奶。

2. 选用其他的哺喂工具

如果上述用奶瓶的方法都不可行,还可以尝试用杯子、勺子给婴儿喂奶。

三、储存和使用挤出的母乳

1. 储存母乳的策略

只要遵循乳汁储存指南,哺乳母亲可以将在不同时间挤的乳汁混合在一起。为了避免浪费，存放在喂食容器中的乳汁不要超过婴儿一次吃奶所能摄入的量。加热并喂食给婴儿后，剩余的乳汁都要丢弃。

母乳喂养时婴儿的平均每次乳汁摄入量为 90 ~ 120 mL，但每个婴儿不尽相同。如果不知道应准备多少乳汁以供喂食，可将挤出的乳汁分别储存在若干个 30 ~ 60 mL 的容器内，以备婴儿想要多吃一点乳汁时可以随时添加，少量的乳汁加热会更快。

工作中是否需要将挤出的乳汁冷藏取决于室温和工作时长。室温下储存的乳汁可以稍后再冷藏或冷冻。

2. 需要储存的乳汁量

泌乳顾问需要指导哺乳母亲合理计算婴儿需要的乳汁量，提前计算在哺乳母亲上班时、母婴分离的这段时间内应为婴儿预备的乳汁量。母乳喂养的婴儿每 24 h 摄入约 750 mL 乳汁，每个婴儿的母乳摄入量不同，范围通常为 440 ~ 1 220 mL。

计算哺乳母亲在工作时婴儿所需乳汁量的方法如下。

（1）按乳汁摄入量较大者计算，以每 24 h 摄入 900 mL 作为基准。

（2）按母婴分离时间计算。

1）母婴分离 8 h，是 24 h 的 1/3，900 mL 的 1/3 是 300 mL。

2）母婴分离 12 h，是 24 h 的 1/2，900 mL 的 1/2 是 450 mL。

因为母乳喂养的婴儿生长速度日益减缓，大多数婴儿在 5 周时每天所需的乳汁量和 6 个月时每天所需的乳汁量相同。大多数全职工作的哺乳母亲每天都要离开婴儿 8 ~ 12 h，所以大多数婴儿需要 300 ~ 450 mL 的乳汁。以上计算方法是建立在假设哺乳母亲与婴儿共处时经常母乳喂养的前提下。

以下情况哺乳母亲上班时，婴儿需要更多的母乳。

1）哺乳母亲在家时极少母乳喂养婴儿。

2）没有频繁喂夜奶。

3）婴儿晚上睡眠时间较长，白天就需要更多的乳汁来补偿错过的夜间喂奶。

3. 储存容器

乳汁的储存容器应选择干净、带盖的玻璃或聚丙烯塑料器皿，避免使用聚碳酸酯塑料或任何双酚 A（BPA）器皿。如果使用储存奶袋，应选择坚固、耐刺破的产品（见图 7-2 和图 7-3）。

图 7-2 储奶袋

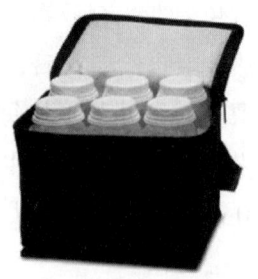

图 7-3 储奶瓶

4. 储存温度

（1）新鲜挤出的母乳在室温下的储存时间见表 7-1。

表 7-1 室温储存时间

母乳状态	室温 19～22 ℃	室温 23～25 ℃
	储存时间（h）	
新鲜挤出	4	4
在冰箱里冷冻后已解冻	6～10	4
解冻、加热后没有喂	1～2	1～2
加热后喂过	1～2	1～2

（2）母乳储存在带冰包的保温袋中的储存时间见表 7-2。

表 7-2 带冰包的保温袋（15 ℃）（见图 7-4）储存时间

母乳状态	建议
新鲜的母乳	24 h
在冰箱里冷冻后解冻	不储存
解冻、加热后没有喂	丢弃
加热后喂过	丢弃

（3）冷藏的母乳储存时间见表 7-3。

表 7-3 冷藏（4 ℃）储存时间

母乳状态	储存时间（h）
新鲜的母乳	理想状态：72 可以储存：8 天
在冰箱里冷冻后已解冻	24
解冻、加热后没有喂过	4
加热后喂过	1～2

（4）冷冻的母乳（见图 7-5）储存时间见表 7-4。

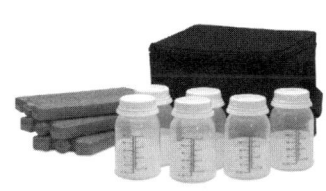

图 7-4 储奶瓶、冰包和蓝冰

图 7-5 冷冻的母乳

表 7-4 冷冻的母乳

母乳状态	专业冷冻柜 -18 ℃	冰箱里的冷冻室 -18 ℃
	建议	
新鲜的母乳	理想状态：6 个月 可以储存：12 个月	3～4 个月
在冰箱里冷冻后再解冻	不能再冷冻	不能再冷冻
解冻、加热后没有喂过	不能再冷冻	不能再冷冻
加热后喂过	丢弃	丢弃

5. 解冻和加热母乳

（1）婴儿可以饮用跟室内温度相同的母乳，不需要加热。

（2）如果第二天要饮用冷冻过的母乳，可以前一晚把母乳移到冷藏格中慢慢解冻，但必须于 24 h 内加热饮用。

（3）如果需要将冷冻的母乳快速解冻，可用自来水冲容器。

（4）加热冷冻过的母乳时，可以把容器放进55 ℃以下的暖水中加热至合适温度。喂给婴儿前将乳汁滴在手背测试温度，感到与体温接近时即合适。

（5）切勿用微波炉或烹调锅加热母乳，过热会破坏母乳的营养，用微波炉加热有可能因受热不均匀而烫伤婴儿。

（6）冷冻或冷藏后的母乳会出现脂肪层浮在容器的上面情况，这是正常的现象，使用前将母乳轻轻摇匀便可。

（7）有些母乳中脂肪酶含量高，储存时脂肪分解，母乳吃起来和闻起来有肥皂味，但对婴儿来说是安全的。如果婴儿不抗拒可以直接饮用，如果婴儿拒绝吃奶，可以把母乳用慢火煮至微暖，降低脂肪酶活性，消除肥皂味。另一种解决方法是将这种母乳和新鲜的母乳混合，新鲜母乳的比例依婴儿的接受程度而定。

第三节　离乳和添加辅食

一、离乳

1. 离乳的概念

离乳通常被定义为母乳喂养的结束。确切地讲，离乳是一个过程，指从婴儿摄入母乳以外的任何食物开始，到最后一次母乳喂养结束。

世界卫生组织和联合国儿童基金会建议：产后1 h即开始母乳喂养；婴儿生命的最初6个月应进行纯母乳喂养；在婴儿6个月时增加有足够营养且安全的补充（辅食）食品，同时持续进行母乳喂养至2岁或以上。因此，建议在婴儿2岁后再离乳。

2. 离乳的影响因素

（1）文化传统期望。每个母乳喂养的婴儿最终都会离乳，但在不同的地区，对离乳的看法大相径庭。从跨文化的角度看，婴儿平均离乳年龄在3～4岁；从历史上看，母乳喂养2～5年是比较常见的做法。根据人类学家的说法，在没有传统文化影响的情况下，离乳的"自然"年龄估计在2.5～7年。

（2）哺乳母亲的观点。离乳的决定往往与哺乳母亲对母乳喂养的总体满意程度更加密切相关，而不是具体的母乳喂养问题。大多数情况下，选择何时离乳是哺乳母亲的个人决定，影响因素可能是哺乳母亲重返职场、哺乳母亲或婴儿的健康状况等。

（3）其他人的影响。离乳的时机受到其他人以及是否得到社会支持的影响。在过早离乳比较普遍的文化传统中，母乳喂养时间越长，哺乳母亲得到的支持就越少。缺乏医护人员在母乳喂养方面的帮助和鼓励也会导致过早离乳。随着哺乳母亲在母乳喂养方面的经验越来越多，她们受到其他人的影响越来越少。

3. 离乳的基础

当婴儿在6个月大开始接受除母乳外的辅食时，已经开始离乳的过程。许多6~8个月大的婴儿开始吃辅食，可以考虑改用杯子喂养喝奶，不需要使用奶瓶。由于婴儿第一年对母乳的生理需求，不满12个月大的婴儿尚未发育成熟到可以完全离乳的程度。如果小于12个月的婴儿要离乳，需要向医护人员咨询适合的母乳替代品。

当给予婴儿母乳替代品过多时，婴儿会越来越不喜欢在乳房吃奶就可能会在无意中离乳。另外，有些父母误解婴儿的一些正常行为，例如吃奶时注意力不集中、缩短吃奶时间，吃奶次数变少，认为这是婴儿准备离乳的信号。而在12个月大之前"自己突然不吃奶"的婴儿应视为在暂时"罢奶"而不是离乳，这也是一种可以解决的喂养问题。

4. 离乳的方法

离乳通常有逐步离乳、部分离乳、突然离乳3种方法。

（1）逐步离乳

1）从出生到12个月逐步离乳。哺乳母亲决定离乳，如果情况容许，建议实行渐进离乳可使哺乳母亲避免因乳房涨满而引起的疼痛，并降低患乳腺炎的风险，对婴儿的心理健康也更好。这种方式也能使哺乳母亲有充分的时间，在离乳之前确保婴儿已准备好接受所给予的任何母乳替代品和辅食。在婴儿对日常生活形成明显的喜好之前，离乳通常需要用母乳替代品代替母乳喂养，从纯母乳喂养过渡到完全离乳可能需要2~3周。为了帮助哺乳母亲做到这一点，首先应：

①注意婴儿每天吃奶的时间。

②一次减少一次哺乳（早上的首次哺乳留到最后再去掉），按照所选择的

方法喂食替代性食物。

③第一次减少哺乳至少等待3天后，再减少一次哺乳，可给予哺乳母亲充分的时间逐渐地减少泌乳量。

如果哺乳母亲感觉涨奶，应根据实际需要，挤奶来让乳房感觉更舒适一些，或给婴儿哺乳一小会儿让乳房软下来。离乳时，应给予婴儿更多的关注和拥抱，让婴儿去寻找其他吮吸途径，并让他自己决定喜欢哪一种。

2）12个月后逐步离乳。尝试不同的离乳方法，并在下列方法中选择最适合婴儿的。

①不主动哺乳。婴儿来吃奶也不拒绝，也就是说当婴儿想要吃奶时就给他哺乳，但是如果婴儿并没有要求吃奶，就不要主动哺乳。

②定时让婴儿吃辅食、点心、喝水，以尽量减少婴儿的饥渴感，并和婴儿多进行与其年龄相适应的游戏活动，避免过于无聊常常想起吃奶。

③改变日常惯例。想想婴儿会在何时何地要求吃奶以及如何改变日常惯例，这样婴儿就不会经常想要吃奶。

④让婴儿父亲参与进来。如果婴儿一般在早晨醒来时要吃奶，可以请父亲早点儿唤醒他并让他吃早餐，或是在婴儿夜间醒来时帮助他再次入睡。

⑤在婴儿要求吃奶之前，给他喂一些他喜欢的母乳替代品以及让他分散注意力的东西。如果等到他要吃奶时才喂母乳替代品，会让他感到被拒绝。

⑥推迟喂奶。适用于年龄大一些且耐得住等待的婴儿。如果这让他觉得母亲是故意跟自己保持距离，他可能会更想要吃奶。

⑦缩短每次哺乳的时间。这对2岁以上的孩子最有效。

⑧可以与大一点儿的孩子一起商量。如果孩子已发育成熟到可以不依赖母乳了，则可以通过相互协商提早放弃母乳喂养。

3）自然离乳。自然离乳是一种逐步离乳，因孩子而异。母乳喂养较大孩子的哺乳母亲可能会面对社会对她的挑战，由于孩子通常不像年幼的婴儿那样需要频繁哺乳，应对方法是保持母乳喂养的私密性。

跟孩子协商在外面母乳喂养的规则如下。

①限定孩子母乳喂养的时间和地点。

②出门时带点零食、饮料、玩具或书籍，以便在孩子想要吃奶时分散他的注意力。

③为母乳喂养选择一个他人听不懂的"暗语"。

④寻找隐秘场所哺乳,例如试衣间。

⑤穿合适的衣服,两件套和罩衫的效果会比较好。

(2)部分离乳。部分离乳是要减少一部分母乳喂养,而继续采用其他方式进行喂养,适用于返回职场的哺乳母亲。对于感觉母乳喂养不堪重负的哺乳母亲来说,它也可以作为完全离乳的一种替代性方法。

(3)突然离乳。有时哺乳母亲被迫选择突然离乳,如患上急需治疗的疾病等。母乳喂养时疼痛的哺乳母亲更容易突然离乳。对于婴儿而言,突然离乳可能比逐步离乳更难调整好情绪,在离乳期间,应给予婴儿更多的关注和关心。

5. 离乳期间的舒适措施

离乳越平缓,所需的舒适措施就越少。离乳时适度挤奶是比较有效的舒适措施,这样可以增加乳房的舒适感,降低患乳腺炎的风险。无论哺乳母亲是逐步离乳还是突然离乳,都可以采用挤奶的方式来保持舒适感。任何时候,只要感到乳房涨满都可以挤出适量的乳汁让自己感觉舒适。对于乳管堵塞的哺乳母亲来讲,有用的挤奶方法是完全排空乳房,然后在不哺乳或不挤奶的情况下使间隔时间越来越长。

使哺乳母亲离乳时感觉舒适的措施如下。

(1)将裹在布内的冰袋敷在乳房上以减少肿胀。

(2)洗个热水澡,缓解肿胀,使乳汁流动。

(3)穿着舒适的、有支撑的胸罩,可能要比平常穿的大一个尺码。

(4)喝水解渴,但限制盐分的摄入量。

(5)将冰镇卷心菜叶放在胸部,每隔 4~8 h 替换新鲜叶子。

(6)服用 100 mg 维生素 B_6 片,第一天服用 2 片,一日三次,之后每日 1 片。注意副作用可能包括恶心、呕吐、腹泻和排出深黄色尿液。

6. 离乳时哺乳母亲的身心变化

离乳后,一些哺乳母亲感觉没有任何身心变化,而另一些则注意到自己身心的变化。身体的变化包括体重变化(增加或减少)、头发纹理或光泽的变化和食欲变化(提高或下降)等,如果哺乳母亲的月经周期在离乳之前没有恢复,估计她的月经和生育能力都会在离乳后恢复。同时,哺乳母亲心理也有着明显变化,例如能量水平的变化(减少或增加)、情绪变化(更快乐或更悲伤)。如果婴儿母乳喂养 2~3 年或更长时间,哺乳母亲对离乳的复杂情绪较少。

二、添加辅食

根据世界卫生组织建议，婴儿一般在6个月时可由纯母乳喂养过渡到进食辅食，因此6～18（或24）月龄又被称为补充喂养阶段。该阶段的婴儿对能量和营养的需求开始超过母乳提供的能量，因此需要适当补充安全、多样化的辅食的供给。同时，应根据心理保健原则采用回应式喂养。

婴儿6～8个月大时，每天2～3次辅助营养食品，到9～11个月期间逐渐增至每天3～4次辅助营养食品。辅食由初期的糊状食物逐渐过渡至较稠和捣碎的食物，8个月后可以吃些柔软的小块食物。

1. 婴儿添加辅食前应达到以下的发育水平

（1）可以坐在餐椅上。

（2）挺舌反射消失。

（3）对成人的食物表现出兴趣。

（4）不想吃的时候能将头转向一边。

婴儿出现吃手、夜醒次数、吃奶频率增加等情况时，并非是添加辅食的信号。这些行为出现在6个月以下的婴儿身上是正常行为，不一定是因为饿，添加辅食不会使婴儿在夜里睡得更久。

2. 采取回应式喂养

回应式喂养不只是为了补充婴儿足够的营养，更是为了建立母亲或照顾者与婴儿之间的相互关爱、安慰和信心。不同于传统由成人主导的定时和强迫喂食，回应式喂养会观察婴儿饥饿的提示及进食能力给予响应，给婴儿尝试不同的食物、口味和口感。母亲或照顾者应以耐心和鼓励的话语，以轻松和有趣的方式喂食，而不是强迫性进食，当婴儿表示已经够饱就结束喂食。回应式喂养的目标是在生命早期建立健康饮食行为，避免过度喂养的后遗症，如肥胖等。

第八章 哺乳期乳房与乳头常见问题

第一节 哺乳期乳房常见问题

哺乳期常会遇到各种各样的乳房问题，影响母乳喂养。泌乳顾问要能够提供信息和措施来预防和解决乳房肿胀、乳腺炎、乳头疼痛等常见问题。

一、乳房生理性肿胀

产后第2～6天，泌乳量开始增多，大多数哺乳母亲会感觉乳房有些胀满或肿胀，少数会在第9~10天感觉肿胀。如果婴儿能够深度吸吮乳房，频繁有效地移出乳汁，乳房的肿胀就很快消退。

如果婴儿吸吮频率低，血液循环减缓，乳房过度充盈引起的肿胀会导致乳房不适、发热和寒战，肿胀甚至可能蔓延至腋下，母亲乳房的皮肤可能看起来较为紧绷且发亮。

此外，在分娩过程中过量的静脉输液也会加重肿胀。

1. 乳房生理性肿胀预防措施

（1）在出生后保持母婴在一起，鼓励持续、频繁地母乳喂养。

（2）初乳期每次喂两侧乳房。

（3）如果未进行母乳喂养，则至少每2～3h挤奶一次。

2. 乳房生理性肿胀舒缓措施

（1）以下有效的措施可以缓解肿胀、疼痛，并促进乳汁畅顺排出。

1）在母乳喂养间隙，用毛巾冷敷约 20 min。

2）在乳汁变多的涨奶期间，以深入衔乳式频繁母乳，让婴儿先吸完一侧乳房的乳汁，再换到另一侧。

3）如果哺乳后仍感觉胀满，可以适度挤奶使其感觉舒适。

4）使用有效的吸奶器，尽可能充分地排空乳房 1～2 次，以减少乳房肿胀并帮助排出乳汁。注意过多的排空会刺激过度泌乳。

5）在哺乳或挤奶之前，用温水淋浴，让乳房变得温热（温热护理只适用于哺乳或挤奶前实施，不然会使乳房更涨更痛），帮助母亲放松及刺激乳汁流动。

6）产后头 2~3 天，每天手挤初乳最少 1~2 次，可有效避免乳房发展成疼痛性肿胀。

（2）手法

1）从胸壁向乳晕轻轻按摩胸部，轻柔施压在最充盈的部位。

2）当乳房紧绷、肿胀、疼痛至不能触碰而影响到正常的哺乳或手挤奶时，采用反向按压法软化乳晕。

3）采用手动淋巴引流疗法，由经过正式培训的按摩师沿淋巴流通方向轻轻按摩，以改善淋巴流动，缓解肿胀。

（3）卷心菜敷。将冷藏或室温下的卷心菜冲洗干净，剥去大叶脉，并在叶片上切开一个孔以安置乳头。将叶片直接敷在乳房上，卷心菜变软后，更换上新鲜的叶片。

（4）转介医护人员。乳房生理性肿胀未及时治疗，会引发其他问题，如婴儿体重增加缓慢、乳头创伤和乳腺炎、损伤乳腺分泌组织。经过上述处理后，如果仍然不能进行母乳喂养，应指导哺乳母亲手挤奶以喂养婴儿。如果采取了相关措施后乳房依然肿胀，泌乳顾问需要转介医护人员。中医的针灸治疗对预防生理性乳房肿胀期间的发热有很好疗效。

二、乳腺炎

哺乳期乳腺炎是一种常见的乳房组织发炎疾病。由乳腺阻塞持续，乳汁渗入周围的乳腺组织所引起的炎症称为炎性乳腺炎。炎症继续恶化到需要使用抗生素治疗，就是感染性乳腺炎。先前的乳腺炎未完全康复，是复发性乳腺炎的常见原因，特别在几周前曾经患上过乳腺炎。

1. 症状表现

乳腺炎的症状包括乳房局部发红、疼痛或肿块。从堵塞的乳导管中挤出的乳汁浓厚、黏稠，可能有结晶体或沙粒状的物质连同黏液一起被挤出。这些物质对婴儿无害。患有乳腺炎的女性即使没有细菌感染也可能会发热。

乳腺炎会导致患侧乳房中的乳汁有咸味。如果婴儿不愿意在患侧乳房上吃奶，则应将乳汁挤出，并继续用另一侧乳房哺乳。症状消除后一周内，乳汁咸味会消失，婴儿可以在患侧乳房吃奶。炎症可能会降低患侧乳房的泌乳量，但如果频繁地进行母乳喂养或挤奶，会在一周内恢复正常。

2. 乳腺炎的病因

乳腺炎可能由以下原因引起。

（1）无效的哺乳（由于浅衔乳造成的乳房排空不均匀，肿胀和解剖学问题：乳头内陷、婴儿口腔异常等）。

（2）泌乳过量。

（3）人为限制哺乳的时长或频率，阻碍或延缓母乳喂养。

（4）母乳喂养或吸奶频率不足，或喂养模式不规律（白天或晚上婴儿睡眠时间长）。

（5）挤奶时大力挤压乳房。

（6）过快离乳。

如果哺乳母亲的双侧乳房都患有严重的乳腺炎，而她的婴儿还不满2周，就有可能是在医院感染了耐药性金黄色葡萄球菌。

3. 乳腺炎的处理措施

泌乳顾问可以指导乳腺炎早期的哺乳母亲尝试以下方法，并说明如果方法无效，应及时就医。

（1）哺乳间隙用棉布裹住冷敷包，敷在乳房上以缓解肿胀。

（2）在哺乳或挤奶之前用水清除乳头上的干乳汁，并在乳房温热时轻轻按摩乳头，刺激喷乳反射。

（3）确保婴儿深衔乳，以便更有效地排出乳汁。

（4）如患侧乳房感觉疼痛或温热，用另一侧进行母乳喂养。

（5）无论日夜，在患侧乳房按需喂养婴儿，不需要排空乳房。

（6）松开包括胸罩在内的任何紧身衣服，使乳汁流动更顺畅。

（7）采用各种不同的哺乳姿势，让婴儿的鼻子或下巴朝向堵塞的位置。

（8）注意休息，带婴儿一起睡觉并哺乳；每天至少花 1～2 h 与婴儿一起放松休息。

（9）咨询医生关于与母乳喂养兼容的镇痛药以轻症状和疼痛，如布洛芬。

（10）避免在乳房加压，如按摩乳房、使用乳盾。

（11）避免盐水浸泡乳房和自行涂抹外用产品。

（12）如果出现下列情况，应立即就医。

1）24 h 后，症状没有缓解甚至更严重。

2）已经发热了一段时间。

3）有明显的细菌感染迹象，如可见脓液。

4）体温突然上升。

5）乳房肿块在几天内未见缩小。

如果在服用全疗程抗生素后乳腺炎复发，表明之前的乳腺炎还没有完全治愈，建议哺乳母亲就医检查排除其他病因。

三、乳房脓肿

脓肿可以发生在乳晕下方或乳房腺体深处，具有一个或多个脓腔。脓肿通常是乳腺炎未经治疗、延迟治疗或不当治疗的结果。

通过超声检查可以确认脓肿的大小和位置，并确定治疗方法。研究表明，对于 3 cm 或更小的脓肿，以细针穿刺活检和冲洗之后，再进行抗生素治疗，效果优于手术引流。

如果脓肿在乳头附近，患侧乳房需暂停哺乳及挤奶，直到痊愈。如果婴儿的嘴巴不会接触到切口，可以用患侧乳房继续哺乳。

如果哺乳母亲决定断奶，泌乳顾问要帮助她在乳腺炎病症消失后缓慢而安全地进行，如果断奶过早或过快，可能会导致乳腺炎发展为乳房脓肿。

四、血乳

在 15% 乳房不适或疾病的哺乳母亲中，发现乳汁中含血液，通常很快消失，不会伤害婴儿。妊娠晚期和产后早期乳房出血通常是由以下原因引起的。

1. 锈管综合征

该综合征出现在乳汁生成的早期阶段，在产后早期出现红色、粉红色或铁锈色的母乳。这是轻微的内部出血引起的，不会造成不适，最常见于头胎产妇，乳汁中的血液通常在分娩后 3～7 天内消除，但可能在几周后再次出现。这种情况下哺乳母亲可以成功进行母乳喂养。

2. 导管内乳头状瘤

导管内乳头状瘤是一种乳导管内的良性疣状物，乳汁冲刷时会出血。它通常只发生在一个乳房，感觉不到肿块，但可能引起不适。出血常常在几周内停止，无需治疗。

3. 乳房或乳头创伤

创伤一般源自粗暴按摩乳房或吸乳器吸力过高，导致毛细血管破裂。

如果乳汁中出现血液持续数周，应及时就医，排除更为严重的病因，如佩吉特病（一种罕见的类似于湿疹的乳腺癌）和其他类型的乳腺癌。

第二节　哺乳期乳头常见问题

一、乳头疼痛

1. 乳头疼痛或创伤的原因

（1）哺乳初期。导致哺乳初期乳头疼痛的原因一般是喂养姿势不正确，或乳房肿胀造成的浅衔乳。哺乳母亲将正在吸吮的婴儿抱离乳房导致拉扯乳头、使用吸力过强的吸奶器、喇叭罩与乳房大小不匹配也容易导致乳头受伤，产生疼痛。部分口腔较小的婴儿无法深入衔住乳房也会引起乳头的疼痛，此外，婴儿舌系带过短、高颚弓、下巴后缩和唇系带过紧也是造成哺乳母亲乳头疼痛的原因。

（2）哺乳较大婴儿时。较大的婴儿在吃奶时引起哺乳母亲的乳头疼痛，原因与初期不同，虽然哺乳姿势和浅衔乳也可能有影响，更多应考虑乳房的真菌感染和婴儿的鹅口疮。对约 6 个月大长牙期的婴儿，可能会咬或拉扯乳头而造成乳头创伤。

（3）哺乳母亲的乳头上长了小疱、乳房皮肤病、怀孕、穿戴不合身的胸罩、使用刺激性乳霜/药膏等也可能造成乳头疼痛。

2. 缓解乳头疼痛的措施

（1）采用与母乳喂养相容的镇痛药。

（2）在给婴儿哺乳之前，先挤点奶，刺激喷乳反射。

（3）在喷乳反射之前，先用不那么疼痛的一侧乳房哺乳。

（4）哺乳间隙使用减少疼痛的乳头护理产品。

（5）尝试不同喂养姿势。

（6）在母乳喂养期间使用乳头保护罩。若哺乳完取下乳头保护罩后乳房上出现红色圆圈，则表示需要换大一号的保护罩。

如果疼痛太严重以至于无法进行母乳喂养，可以在乳头愈合前挤奶。

3. 乳头创伤的治疗

在治疗前，首先要确定哺乳母亲乳头的疼痛原因并予以纠正。治疗方案因创伤阶段和偏好而异。

（1）乳头创伤的阶段

1）第1阶段。乳头表面完整，疼痛或刺激但不伴有皮肤破损，可能有发红、瘀伤、红斑和肿胀现象。

2）第2阶段。乳头组织浅表破损，可能伴有擦伤、浅裂纹或裂缝、压迫条纹、血肿和浅层溃疡的疼痛。

3）第3阶段。乳头局部深层糜烂，涉及表皮到真皮下层破坏的皮肤破损。可能伴有较严重糜烂的深层裂缝、水疱、深层溃疡。

4）第4阶段。乳头完全深层糜烂，透过真皮造成更深层的损伤，可能包括真皮某些部位的完全糜烂。

（2）湿性愈合疗法。湿性愈合疗法的核心为保持受伤的乳头湿润从而加速痊愈，创伤愈合快约50%。为了保持内部水分，锁水膜必须覆盖乳头，以防止蒸发、干燥和结痂。湿性愈合疗法是有第2阶段、第3阶段和第4阶段乳头创伤的哺乳母亲的首选。

（3）按阶段选择治疗方案。以下治疗方法不能形成湿性愈合疗法的环境，因此最适合第1阶段创伤。

1）挤出母乳。

2）涂抹薄荷水。薄荷水防止疼痛和开裂的效果比挤出母乳更好。

3）涂抹橄榄油。橄榄油（不管是常规还是臭氧化的）具有抗菌和抗炎作用，但可能会引起一些哺乳母亲和婴儿的过敏反应。

4）温水或温盐水按压。

超纯羊脂膏可形成一种湿性愈合疗法的环境,因此是皮肤破损母亲的良好选择(第2阶段、第3阶段和第4阶段创伤)。超纯羊脂膏需在每次喂养后使用。

不推荐乳头涂抹维生素 E,因为它可能会导致哺乳母亲皮肤反应和婴儿维生素 E 水平升高。

二、细菌、真菌感染

1. 细菌感染

哺乳母亲的乳头愈合缓慢或者疼痛持续或恶化,可见的脓液和发红加重,可能是细菌感染的征兆。乳头上的脓疱是一种细菌感染,表现为针头大小的水疱、脓疱,可以在不中断母乳喂养的情况下进行治疗。抗生素软膏有助于预防细菌感染,最可靠的治疗方法是按照医嘱口服相应的抗生素。

2. 真菌感染和鹅口疮

真菌感染是人体内存在的酵母菌过度生长的结果。母亲真菌感染的原因包括:生病、怀孕和使用抗生素有可能造成酵母菌过度生长。

发生在婴儿口腔的真菌感染称为鹅口疮。婴儿患有鹅口疮不一定会在母乳喂养时传染给哺乳母亲的乳房。如果哺乳母亲的唯一症状就是乳房放射性疼痛,就不太可能是真菌引起的,更有可能是感染性乳腺炎。乳房真菌感染需要结合更多症状表现:

(1)乳头发亮/乳晕皮肤刺痛。

(2)乳头/乳晕出现脱皮现象以及乳房疼痛。

对于婴儿来说,真菌感染症状包括:

(1)牙龈、面颊、上腭、扁桃体和(或)舌头上有白色斑块(如果擦掉,可能会流血)。

(2)尿布疹(可能发红或发红并带凸点)。

(3)有些婴儿可能在臀部皮肤长有酵母皮疹。

母婴任何一人出现症状都建议一起接受治疗,以防复发和交叉感染。

三、乳头水疱和小疱

1. 水疱

婴儿吃奶时浅衔乳摩擦到乳头会引起水疱,一般出现在乳头的尖端。在

母乳喂养之前应用温暖的湿毛巾敷，水分和热量会使皮肤变软变薄，使水疱疏通；如果不起作用，可参考疏通小疱的方法。后躺式母乳喂养姿势能帮助实现深衔乳，可以减轻疼痛并防止水疱复发。

2. 小疱

小疱是乳头上的白点，在哺乳时可能会感觉疼痛。出现小疱的原因如下。

（1）乳头上的死皮或乳汁黏稠造成的小颗粒积聚在输乳管开口。

（2）婴儿咬乳头后，唾液和乳汁水分积聚在表皮下形成小疱。

（3）由于真菌感染而出现类似乳头疮的小水疱。

（4）乳导管末端形成的小压力囊疱。

如果小疱不疼痛，则无需治疗，一般会随着时间的推移自行消退。

小疱的处理方法如下。

（1）温热湿敷小疱，将乳头浸泡在温水中（侧躺在浴缸里或身体向前倾将乳房浸泡在温水池或温水盆中）均可。

（2）用湿布擦拭乳头，清除死皮。

（3）用橄榄油润滑乳头，之后通过按压小颗粒后面的乳晕从乳导管挤奶，挤出黏稠的乳汁丝栓，疏通乳导管。

（4）用乳液状的卵磷脂擦去死皮和小颗粒。

（5）为了防止小疱或乳导管堵塞复发，应减少饮食中的饱和脂肪并服用卵磷脂补充剂，建议剂量为每次 1~2 粒 1 200 mg 卵磷脂胶囊，一日 3~4 次。

（6）如果小疱持续疼痛且不消退，则建议就诊。

四、乳房和乳头皮肤问题

在身体其他部位发生的皮肤问题也可能出现在乳房和乳头上。为了帮助确定原因，泌乳顾问可以询问母亲如下问题。

（1）最近是否在乳头周围使用了乳霜、软膏、乳垫或其他产品？

（2）最近是否在乳房周围使用了某种新的清洁剂或化妆品？

（3）最近是否在乳头上使用了任何装置？太大的吸力或接触塑料可能会引起一些敏感女性的过敏反应。

（4）是否有健康相关性问题或是服用药物？

（5）婴儿是否开始进食辅食、处于出牙期或服用了药物？如果是，在母乳喂养之前，用水冲洗婴儿的嘴巴或者从婴儿的饮食中去掉刺激性的食物，可能会有所帮助。

（6）婴儿是否在其他部位有类似的皮肤问题或过敏史？

如果疼痛持续并且消退缓慢或者没有愈合的迹象，应该咨询医护人员，检查是否患有佩吉特病或其他病症。

五、乳头扁平或内陷

1. 乳头扁平

扁平的乳头不会凸起或内陷，甚至与乳晕一样平。有些扁平的乳头会一直保持扁平，有些乳头在刺激或寒冷时会突出或坚挺。乳头扁平的母亲进行母乳喂养可能会困难。

2. 乳头内陷

乳头内陷是指按压乳晕时内陷乳头是向内而不是突出。为了确定一个或两个乳头是否存在内陷情况，可轻轻按压乳头底部后面约 2.5 cm 处的乳晕。如果乳头突出则不是内陷，如果乳头凹陷，那就是内陷乳头。

乳头内陷程度各不相同，有些乳头只有轻微内陷，婴儿可以不费力地把它吸出来。有些重度内陷乳头可能在母乳喂养时被婴儿吸得很疼，特别是在最初几周。而有一些内陷是中度或重度的，按压时乳头回缩很深，这可能使婴儿衔乳困难，并且在某些极端情况下根本无法衔乳。

3. 治疗方法

数十年来一直推荐使用的方法，如霍夫曼技术（用手指拉出内陷的乳头）或佩戴乳头矫正器。但是在妊娠期间确诊乳头扁平或内陷，建议进行"治疗"会打击母亲对母乳喂养的信心，所以不建议做任何治疗。

如果母亲产后出现乳头扁平，可询问产前是不是扁平乳头，以确定这是否只是短期问题。她的乳头扁平可能是由于分娩期间过量静脉滴注引发乳房肿胀或乳晕肿胀所致。如果是这样的话，为了使母乳喂养更轻松，可采用反式按压法和手动挤奶以软化乳晕。

先前母乳喂养时吸出的乳头在离乳后可能又会恢复扁平或内陷。

4. 早期母乳喂养面临挑战的应对方法

解剖结构上的变化，如乳头扁平和内陷，可能使新生儿深衔乳面临更多困难，进而影响乳汁输送和婴儿体重增长。为了避免这些问题，可尝试以下建议。

（1）尝试倚靠式喂养姿势。

（2）产后频繁母乳喂养。

（3）在最初几周避免使用人工奶嘴。

如果婴儿难以衔住其中一个乳房，通常可采用另一个乳房进行母乳喂养。为了鼓励婴儿吸吮另一个乳房，可以挤点乳汁滴在乳头上或婴儿口中，或尝试用以下方法拔出乳头。

（1）轻轻往后压住乳房以帮助乳头突出（在极少数情况下，哺乳母亲可能需要在整个喂养期间往后压住乳房）。

（2）用手指轻轻按摩乳头，引起泌乳反射，帮助乳头突出。

（3）采用乳房三明治法、乳头倾斜或其他可帮助婴儿更深吸吮乳房从而触发主动吃奶的技巧，给乳房塑形。

（4）喂养前使用吸奶器，将乳头从中心平稳拉出。

（5）采用按乳头大小改进的注射器，制作一个小型抽吸装置。

（6）使用市售的乳头抽吸器。

（7）使用乳头保护罩帮助婴儿吸吮乳房。

如果这些方法都不起作用，建议哺乳母亲挤奶，这也可能有助于拔出乳头。

第三节　其他乳房与乳头问题

一、副乳

副乳是额外的乳头和乳房组织，通常发生在从腋窝到腹股沟的奶线上。副乳包括有乳腺组织但无乳头、无乳腺组织但有乳头、既有乳腺组织又有乳头3种，但副乳的乳房、乳头或乳导管不会影响母乳喂养。

如果副乳的乳房有乳头且靠近正乳房，则乳头可能会渗出乳汁，可以挤奶以减轻饱胀感；如果副乳没有乳头，可采用冷敷法减少肿胀感带来的不适。对于没有乳汁流出的副乳，泌乳会很快停止，乳房组织会软化。

二、乳头过大与过小

正常女性的乳头有不同的大小。一些出生周龄较小或体重较轻的婴儿，他们的小嘴有可能跟通常大小的乳头不相匹配；一些宽或长的乳头跟嘴小的婴儿也不匹配。遇上因婴儿的嘴跟哺乳母亲乳头暂时不匹配导致衔乳困难的情况，哺乳母亲需要得到鼓励和挤奶指导来给婴儿喂养。新生儿的生长快速，小嘴生长也快，很多婴儿可以在两三周之内就能正常衔乳了。

三、乳房发育异常

1. 乳腺不足

如果女性的分泌乳腺体未完全发育，则她可能无法分泌足够婴儿食用的乳汁，但如果用乳房喂哺或安抚婴儿，她的乳腺在产后第一个月因受到吸吮刺激会继续发育。若哺乳母亲无法通过哺乳给予婴儿充分的营养，便需要添加配方奶进行部分母乳喂养。哺乳母亲需要得到鼓励以继续喂养婴儿，久而久之其泌乳量也可能会继续增加，将有可能对以后出生的婴儿进行纯母乳喂养。

2. 妊娠期巨乳症

妊娠期巨乳症是妊娠期女性的乳房对妊娠激素过度敏感，导致增大 8～20 个胸罩杯甚至更大，女性会感到非常难受。小胸女性和大胸女性都会发生这种情况，且通常在每次怀孕时复发，在婴儿出生后恢复正常。在极端情况下，女性在怀孕期间需要进行乳房切除术。

四、丰胸与泌乳

丰胸是将生理盐水硅胶囊假体垫入胸部肌肉和腺体组织之间或肌肉下方，切口可能在乳房下方、腋下附近的褶皱处或乳晕边缘周围。另一种丰胸是自体脂肪移植丰胸术，该技术是将自身其他部位的脂肪注入乳房，以增加两个罩杯的大小，这对母乳喂养的影响可能较小。

植入物的位置也可能影响泌乳。将植入物直接放置在乳房组织下，而不是部分或几乎完全被胸肌覆盖，可能会对分泌腺体造成压力而减少泌乳量。

盐水植入假体是硅胶包膜通过填充盐水制成，属于一种天然体液，因此如果假体发生渗漏或破裂，对母婴均无健康危险，存在于乳汁中的硅胶也并不会影响到婴儿。

第九章
母婴患病时的母乳喂养

第一节 母亲患病时的母乳喂养

对于患病母亲来说，继续母乳喂养，可能有助于她的康复。母乳喂养并不会导致母亲因身体消耗而变弱，反而还会帮助母亲缓解应激，改善新陈代谢、免疫系统、情绪和睡眠质量。

一、细菌性疾病

当母亲患传染性疾病的时候，应保持良好卫生习惯，如勤洗手，以减少婴儿患病的几率。患有高度传染性或严重的疾病时，母亲抱着婴儿时禁止面对面接触，可佩戴口罩，防止通过呼吸或口鼻分泌物传播病菌。若母亲发热，应多喝水以保持充足的水分。

1. 上呼吸道或轻症感染

此类疾病在出现症状之前，就已经有传染性。母亲将抗体传递到乳汁中，这是保护母乳喂养婴儿的身体机制。当母亲开始感到不适时，婴儿虽已经暴露于病菌，但也正在得到保护。一般情况下，母乳喂养的婴儿患病程度会比喂配方奶的婴儿要轻一点。

2. 食物中毒

当食物或饮料被特定的细菌（如肉毒杆菌、李斯特氏菌病、沙门氏菌和大肠杆菌）污染时，可能发生食物中毒，症状包括呕吐、腹部绞痛和腹泻，通常在几天内即可康复。

母乳喂养时，应根据微生物的不同，采取不同预防措施，如洗手和戴口罩，防止空气或皮肤接触传染给婴儿。

3. B族链球菌感染

B族链球菌是一种常见细菌，通常寄居于肠道或下生殖道。产妇通常会在怀孕期间对B族链球菌进行检测，如果呈阳性，则应在分娩前用抗生素治疗。许多未经检测的高危女性在分娩时要接受静脉注射抗生素治疗。

B族链球菌可以通过母乳喂养传播给一个极早产儿或免疫力低下的婴儿。如果母乳培养标本B族链球菌阳性，婴儿也处于高危风险之中，那么母亲的乳汁应经过热处理或直接丢弃，直到培养标本转阴性。

4. 耐甲氧西林金黄色葡萄球菌（MRSA）感染

耐甲氧西林金黄色葡萄球菌通常是指对可有效治愈金黄色葡萄球菌感染的药物没有反应的毒株。MRSA主要通过直接接触传播，可以潜伏在鼻腔和喉咙内。它始于皮肤感染，看起来像蜘蛛咬伤、疖子或脓肿，症状通常为肿胀、红肿、疼痛，并可以发展为发热、气短、咳嗽和发冷。MRSA可导致较严重的疾病，需要更强效的抗生素根治。

如果母亲患上MRSA，婴儿在出现症状之前已经被感染，所以除非婴儿生病或早产，否则不应停止母乳喂养。这种情况下，可以在喂养之前对母乳进行巴氏杀菌，否则在开始治疗的24 h内的乳汁应该丢弃，直到母亲治愈为止。如果患有MRSA的母亲伴有开放性溃疡，应采取预防措施，防止婴儿接触。

5. 肺结核

肺结核是一种由结核杆菌引起的传染病，通常通过咳嗽出的飞沫在空气中传播。结核杆菌会攻击肺部，也可以扩散到身体的其他部位，症状包括体重下降、发热、咳嗽、盗汗和发冷。

无论采用何种喂养方式，感染活动性肺结核的母亲都必须与新生儿分开，直到母亲和婴儿开始进行药物治疗。婴儿可以采用预防性异烟肼，异烟肼是一种有效预防肺结核的抗菌药物，无需母婴分离。

6. 莱姆病

莱姆病是由一种生活在动物中的螺旋体细菌引起的，通过蜱的叮咬从动物传播到人类中，大多数人类病例发生在春末和夏季。莱姆病症状通常始于蜱叮咬部位的无痛性环状皮疹，不断扩散，症状可能包括发热、头痛、发冷、肌肉和关节疼痛以及淋巴腺肿大。

患有莱姆病的母亲通常需要几周的口服抗生素疗程，母乳喂养可以继续。

7. 中毒性休克综合征

当葡萄球菌或链球菌感染机体时，将肠毒素分泌到血液中会发生中毒性休克综合征，症状包括水样腹泻、呕吐、肌肉疼痛、发冷、高烧、血压偏低。中毒性休克综合征可以在分娩后、手术后或其他情况下发生。

如果母亲身体足够好，可以在注意卫生的情况下进行母乳喂养；如果母亲病情较重，当时无法进行母乳喂养，应在身体康复后再进行母乳喂养。

二、病毒性疾病

1. 季节性流感

在流感季节，应鼓励孕妇和哺乳母亲接种疫苗，保持良好的卫生习惯。患有季节性流感但并无症状的母亲应继续母乳喂养，婴儿患流感时也应继续母乳喂养。出现流感症状的母亲如需继续母乳喂养，为降低婴儿的感染率，应采取以下措施。

（1）母亲在触摸婴儿之前洗手。

（2）母亲在母乳喂养之前清洗乳房。

（3）母亲抱着或喂养婴儿时佩戴医用口罩。

（4）所有接触婴儿的人都要遵守以上预防措施。

2. 甲型肝炎

甲型肝炎是由甲型肝炎病毒引起的肝脏炎症，可以通过与感染者的血液或粪便接触传播。患病期间，病人肝脏变得肿大且有压痛感，血液胆红素水平升高，引起黄疸，发热和恶心的症状较常见。不同于其他类型的肝炎，甲型肝炎不是慢性疾病，在大多数人中，它可以完全治愈且没有长期的损害，并能终身免疫。

如果母亲病情过重无法进行母乳喂养，可以挤出母乳喂给婴儿。婴儿应接种甲肝疫苗、免疫球蛋白，也可两者一起接种。

3. 乙型肝炎

乙型肝炎是最常见的严重肝脏感染疾病，由乙型肝炎病毒引起，症状类似于甲型肝炎，但在5%～10%的病例中，会发展为完全无法治愈的慢性病。乙型肝炎可以由受污染的食物和性接触传播，破损皮肤接触到病毒携带者的体液时，也会被传染。一些乙型肝炎病毒携带者不会有病症表现。

若母亲携带病毒，建议婴儿在出生后12 h内接种乙型肝炎疫苗和乙型肝炎免疫球蛋白，无需延迟母乳喂养。

4. 丙型肝炎

丙型肝炎由导致肝脏炎症的丙型肝炎病毒引起，患者不会产生保护性抗体，痊愈后也可能再次患病。患病初期可能为轻度感染或未出现症状，75%～85%的患者发展为慢性肝脏感染，无法治愈，也无治疗的特效药。丙型肝炎可以通过性传播和血液传播，婴儿最可能通过血液或脐带感染。

由于丙型肝炎是通过血液传播的，所以在乳头愈合前，丙型肝炎感染伴有乳头出血的母亲是否应该停止母乳喂养，目前还存在争议。有些专家建议暂时中断，直到母亲乳头不再出血，但未见记录此类婴儿感染丙型肝炎的病例。罕见的例外情况是母亲在产后感染了丙型肝炎，母乳喂养时伴有急性症状，其抗体水平尚无法为婴儿提供保护前，传染给了婴儿。如遇到这种情况，泌乳顾问可让母亲与医护人员讨论她该如何母乳喂养。

5. 丁型肝炎、戊型肝炎和庚型肝炎

丁型肝炎病毒需要依附乙型肝炎病毒才可以在人体细胞内繁殖。因此，丁型肝炎病毒可引起乙型肝炎感染者的"双重"感染，主要通过输血感染。戊型肝炎是一种经粪－口传播的急性传染病，主要通过受污染的食物和水传播，在妊娠期感染死亡率很高。庚型肝炎病毒通过与乙型肝炎病毒或丙型肝炎病毒重叠感染方式存在，主要通过输血感染。

没有证据表明戊型肝炎或庚型肝炎可以通过母乳喂养或母乳传播，泌乳顾问可鼓励母亲与医护人员讨论继续母乳喂养的方法。因为丁型肝炎只伴发于乙型肝炎感染，通过给婴儿接种乙肝疫苗和免疫球蛋白还可以提供免受丁型肝炎感染的保护，使母乳喂养的风险小到可以忽略。

6. 水痘

水痘是常见的具有高度传染性儿童疾病，由水痘–带状疱疹病毒初次感染引起，通过与病灶接触以及吸入咳嗽或打喷嚏的飞沫传播。如果婴儿在出生10天后被感染，并发症较罕见；对于未出生的胎儿、极早产儿以及在子宫内感染该病毒的新生儿，则可能是致命的。成人感染后的症状通常比儿童更严重。

在极少数情况下，产妇产后一周内感染水痘，但婴儿出生后并未感染。现行的建议是母婴分开，直到母亲不再具有传染性，但可以用产妇的乳汁喂养婴儿。新生儿可以注射水痘–带状疱疹免疫球蛋白，并将患儿和产妇一起隔离。

7. 巨细胞病毒

巨细胞病毒是最常见的疱疹病毒，40岁及以上的成人中有50%～80%感染过巨细胞病毒，少数被感染的成人会出现疲劳、发热和淋巴腺肿大等症状。

足月母乳喂养婴儿不存在这个问题。在怀孕期间，婴儿同时接触巨细胞病毒及其在子宫内的抗体，母乳的作用类似疫苗。超过2/3的巨细胞病毒阳性母亲的足月婴儿巨细胞病毒呈阳性，但是没有症状。但早产儿或免疫力低下的婴儿中感染巨细胞病毒比较严重，这类婴儿是否要继续喂母乳，泌乳顾问应鼓励母亲与医护人员讨论。

8. 单纯疱疹病毒1型和2型（唇疱疹和生殖器疱疹）

单纯疱疹病毒分为1型单纯疱疹病毒和2型单纯疱疹病毒。1型单纯疱疹病毒主要通过口对口接触传播造成口腔疱疹（唇疱疹），但也可以引起生殖器疱疹。2型单纯疱疹病毒为性传播感染，会造成生殖器疱疹。母亲接触到自己的生殖器后，不注意卫生会将病毒带到乳房造成感染。

对于3周龄以内的婴儿来说，疱疹感染是非常危险甚至致命的。如果母亲出现乳头或乳腺溃疡并怀疑是疱疹，应就近检测；如果乳头、乳晕或母乳喂养时婴儿可能触碰到的任何地方出现溃疡，都应改为挤奶喂养，直到溃疡愈合，同时可以用健侧乳房进行母乳喂养；如果母亲的手或吸奶器部件在挤奶时触碰到了溃疡部位，可能会污染乳汁，应将其丢弃；如果母亲的手或者吸奶器部件不会接触到溃疡部位，则可以给婴儿喂食母乳。

9. 带状疱疹病毒

带状疱疹是由水痘–带状疱疹病毒引起的急性感染性皮肤病。它最常见于幼年有轻度水痘病史但无法对病毒完全免疫的成年人，病毒会一直处于休眠状态，直到重新被激活。在带状疱疹出疹前几天，母亲可能会感到皮肤灼痛和敏感，皮疹最初表现为红色基底上的小水疱，持续3~5天，经常在皮肤部位上呈现带状图案，可能有剧痛感。之后水疱会迸裂、渗出、结痂并愈合。带状疱疹发作可能持续3~4周。如果乳头、乳晕或母乳喂养时婴儿可能触碰到的任何地方出现溃疡，都应改为挤奶喂养，直到溃疡愈合，同时继续用健侧乳房进行母乳喂养。如果母亲的手或吸奶器部件在挤奶时触碰到溃疡部位，可能会污染乳汁，应将其丢弃。如果母亲的手（在用手挤奶时）或者吸奶器部件不会接触到溃疡，则可以给婴儿喂食母乳。

如果母亲在母乳喂养期间感染带状疱疹，应继续母乳喂养，并尽快让婴儿接种水痘带状疱疹免疫球蛋白疫苗。

10. 人类免疫缺陷病毒（HIV）

世界范围内的人类免疫缺陷病毒大流行导致数百万人死于获得性免疫缺陷综合征，即艾滋病，它可破坏部分免疫系统，使感染者失去疾病抵抗力。HIV可通过怀孕和分娩期间母婴体液传播、性接触传播、血液传播。

即使传播风险很小，这种病毒也可能是致命的，因此有些组织建议，在卫生条件好、感染率低的发达地区，艾滋病病毒阳性的母亲不要进行母乳亲喂和捐赠人乳。若母亲希望进行母乳喂养，则可以选择将挤出的母乳进行热处理灭菌。

在卫生条件差、感染风险高的发展中地区，建议艾滋病病毒阳性的母亲进行母乳喂养。根据研究结果，采用下列策略，母乳喂养的艾滋病病毒传播几率可以降低到约为1%。

（1）纯母乳喂养。纯母乳喂养婴儿的艾滋病病毒传播率较低，"混合喂养"婴儿或接受其他流体或固体食物的婴儿艾滋病病毒传播率较高。从出生到3个月大，在纯母乳喂养和纯配方奶喂养的婴儿中，感染艾滋病病毒的婴儿所占比例大致相同。

（2）母亲患病后，在怀孕以及母乳喂养期间，应给予母亲三联抗逆转录病毒药物，并在母乳喂养期间向婴儿提供长效抗逆转录病毒药物。

（3）为了减少通过母乳喂养传播艾滋病病毒，之前有专家提出进行纯配方奶喂养或纯母乳喂养6个月时断奶的建议。然而，如果在发展中地区，感染艾滋病病毒的母亲早期没有进行母乳喂养或过早断奶，婴儿死亡人数会因贫困、恶劣环境条件等因素增加 2～6 倍。

在母乳喂养（但不一定是纯母乳喂养）比较规范的部分地区，促进艾滋病毒阳性母亲的纯母乳喂养比促进配方奶喂养更符合社会需求。艾滋病毒阳性的母亲，可以使用捐赠人乳来替代配方奶喂养。如要使用自己的母乳喂养婴儿，可以采用挤奶并加热乳汁至 73 ℃（30 min）杀死艾滋病病毒；也可以快速加热，将一罐乳汁放入一个 450 mL 水容器中，然后将水容器放在一锅水中，加热至水沸腾。

11. I 型人类 T 细胞白血病病毒（HTLV-I）

HTLV-I 通过输液时的体液接触、性接触、怀孕和分娩期间的母婴以及母乳喂养而传播。若婴儿感染 HTLV-I，成年后有 1%～5% 的可能性发展为 T 细胞白血病和淋巴瘤，这是极其恶性的、致命的疾病。与 HTLV-I 感染相关的其他疾病还包括儿童感染性皮炎、眼睛肿胀（葡萄膜炎）和脊髓感染。

母乳喂养持续时间对婴儿感染率有影响。与配方奶喂养的婴儿相比，母乳喂养少于 6 个月的婴儿不太可能发生 HTLV-I 感染，但母乳喂养一年的婴儿感染率上升。携带母亲病毒出生的配方奶喂养婴儿有 13% 感染上了 HTLV-I。

增加母婴传播风险的因素是 HTLV-I 病毒血液水平较高的产妇、大龄产妇，以及较长的母乳喂养持续时间。当感染的细胞出现在母亲的血液和（或）乳汁中时，病毒传播可能性也随之增加。

如果 HTLV-I 阳性母亲想要避免传播的风险，而又希望给婴儿喂养母乳，那么母乳应冷冻至 -20 ℃ 并解冻，即可杀死 HTLV-I 病毒。

12. 麻疹

麻疹是由病毒所致的一种以发热、呼吸道症状以及皮肤皮疹为主的一种急性传染病。麻疹通常通过与感染性飞沫接触传播。感染后，最初的症状类似重感冒，包括发热、眼结膜水肿、鼻塞和咳嗽，皮疹在第 4 天左右出现。出疹后大约 72 h 内，皮疹和感冒症状消失，麻疹不再具有传染性。如果胎儿在子宫内就感染麻疹，很可能是致命的；如果婴儿出生后感染麻疹（至少出生 14 天后才会出现症状），由于已获得了母亲的抗体，所以症状一般比较轻微。

如果母亲在分娩之后感染麻疹，可以给婴儿接种麻疹免疫球蛋白；如果在妊娠期感染麻疹，不确定是否曾患有使她终身免疫的疾病或接种过这样的疫苗，可进行血液检验确定其免疫状态；如果分娩时未见症状，母婴均可接种麻疹免疫球蛋白。

如果女性分娩时患有急性麻疹，而婴儿出生时未见麻疹症状，建议母婴分开，直到母亲不具传染性，但婴儿有50%左右的可能会发病，母乳中的抗体将有助于防止婴儿生病或减轻婴儿的严重程度。当母亲不再有传染性时，就可以开始母乳喂养。

13. 风疹

风疹是轻度传染病。女性妊娠期感染风疹风险最大，可能会对胎儿造成损害，其他时候这种疾病则是短暂的，没有并发症。风疹通过与鼻子或口腔分泌物接触进行传播，症状包括皮疹、淋巴腺肿大和轻微发热，25%~50%的病例无症状。皮疹出现后2~7天具有传染性。

如果母亲患有急性风疹，婴儿在出现症状之前就已经感染，母乳喂养可提供抗体，即便婴儿患病，病情也一般较为轻微。如果母亲以前曾经患有风疹或接种过风疹疫苗，那么她的乳汁可能会给婴儿提供暂时性自然免疫力。

三、癌症

癌症有很多种，但都是由异常细胞的不受控生长引起的。癌细胞不会像正常细胞一样最终死亡，而是继续生长，形成新的异常细胞，并侵入其他组织。如果早期发现并快速治疗，多种癌症可以完全治愈，而随着癌细胞从原发肿瘤扩散到整个机体，治愈可能性大大降低。

哺乳母亲做诊断检测和乳腺活检之前，要询问医生是否用药。如果是，是否能用不影响母乳喂养的药物。

如果推荐使用放射性物质来诊断或治疗妇科疾病，可询问医生具体使用哪些物质。有些放射性物质会积聚在母乳中，可能需要暂时或永久断奶。治疗物质的形式和剂量都会影响母亲是否能继续母乳喂养。如果必须要在诊疗时断奶，母亲要考虑是需要永久断奶还只是暂时性断奶。

1. **放射性碘 I-131**

放射性碘 I-131 可用于甲状腺扫描或肿瘤显像，对母亲和婴儿有潜在的有害影响，至少需要断奶几个月。碘辐射可以直接影响婴儿的甲状腺，并增加今后患甲状腺癌的风险。母亲应至少在治疗前几周内完全断奶，因为约40%的辐射剂量将沉积在活跃的乳腺组织中，从而增加以后罹患乳腺癌的风险。提前断奶几周可使乳房组织恢复原状，在治疗过程中不再活跃。

如果要用放射性物质，而母亲又不想断奶，泌乳顾问可以建议母亲询问主治医生以下问题。

（1）是否确实需要放射性物质来诊断或治疗疾病？

（2）如果推迟或未完成这种诊疗，身体会发生什么？

（3）是否有其他不用断奶的诊疗方法？

（4）如果婴儿月龄小于12个月，是否可以推迟一段时间手术，以便挤出足够的乳汁，在暂时性断奶期间喂给婴儿？

（5）是否有其他的放射性物质可以在最短的时间内从乳汁中清除？

（6）是否有一个当地的测试机构来确定她的乳汁何时没有了放射性？

（7）放射性物质是否集中在一个器官中？如果是这样，是否需要让婴儿远离自己身体该部位？

如果母亲对解决方案不满意，泌乳顾问可建议她寻求其他医生的意见。

2. 放射性诊疗后挤奶

如果母亲进行放射性诊疗需要暂时性断奶，在她"挤奶丢弃"期间，泌乳顾问可以和她讨论维持泌乳量的策略。挤奶能帮助她更快地消除身体的放射物质。

3. 化疗和母乳喂养

大多数病例中，接受化疗的母亲需要断奶，因为这些药物可以用乳汁代谢，影响婴儿健康。如果母亲不想断奶，泌乳顾问可建议她与主治医生讨论。托马斯·黑尔博士最新版的论著《药物与母乳》有药物的详细信息及其在母亲身体系统中的停留时间。

4. 放射治疗和母乳喂养

像诊断性X光片一样，癌症放疗不会使母乳产生放射性，母乳喂养也可以持续下去。以乳腺癌为例，放射治疗过程中会损伤乳腺组织，可能会影响治疗期间和之后妊娠期的乳腺发育和泌乳。放射治疗后，大多数母亲发现患侧乳房泌乳较少。如果一侧乳房接受了放射治疗，通过频繁地母乳喂养，也可能会产生足够的乳汁进行纯母乳喂养，未接受放射治疗的乳房不会受到影响。如果两个乳房均接受治疗，则可选择部分母乳喂养。

四、心脏病/高血压

母乳喂养可降低收缩压和舒张压,对母亲心血管健康会产生积极的影响。母乳喂养两年以上的女性比没有母乳喂养的女性罹患冠心病的风险降低23%。

通常用利尿剂增加尿量并保持体内的液体水平下降来治疗高血压。高剂量的利尿剂会减少泌乳量,但一些低剂量利尿剂不影响母乳喂养。用于心血管治疗的一些β-受体阻滞剂和其他药物也被认为不影响母乳喂养,建议咨询医生哪些药物跟母乳喂养是兼容的。

五、内分泌、代谢及自身免疫性疾病

1. 囊性纤维化

囊性纤维化是一种遗传性外分泌腺疾病,会分泌黏稠、浓厚的胶状黏液,阻塞支气管并阻碍消化酶离开胰腺,导致消化不完全。约25%的囊性纤维化孕妇会早产。

(1)母乳喂养问题。婴儿不会通过母乳喂养患上囊性纤维化,患有囊性纤维化的母亲,在充分泌乳的情况下可分泌正常成分的乳汁,因此可以正常母乳喂养,母乳可为婴儿提供保护,免受细菌感染。对于出生时患有囊性纤维化的婴儿,若不进行母乳喂养,健康状况会更差,症状出现得更早也更为严重。

(2)母亲的营养。患有囊性纤维化的母亲往往可能还伴有胰腺功能不全,食物中的营养物质可能无法完全吸收,因而很难维持正常体重。这种情况下,母亲可能需要消化酶来帮助分解食物,并服用维生素和矿物质补充剂。母亲需要在妊娠期和哺乳期仔细监测自己的体重和营养水平,如果能保持健康的体重,则可以进行母乳喂养。

2. I型糖尿病

I型糖尿病又称胰岛素依赖型糖尿病,由遗传学和环境触发因素共同引起,胰腺中产生胰岛素的β细胞被破坏,导致身体不能产生胰岛素(将糖、淀粉和其他物质转化为身体所需燃料的激素),血糖可能上升到危险的水平,并导致相关并发症。患有I型糖尿病的母亲需要检查血糖水平,每天通过注射或皮下输注泵接受胰岛素替代治疗,维持正常的血糖水平。

(1)母乳喂养问题。I型糖尿病不会通过母乳喂养传播。事实上,母乳喂养可以保持母亲血糖水平在健康范围内,对婴儿的健康也至关重要。母亲患I

型糖尿病会增加婴儿的早产、呼吸窘迫综合征、大于平均出生体重、新生儿黄疸和低血糖的风险。

为稳定患Ⅰ型糖尿病母亲的婴儿的血糖,应注意在分娩前作好安排,尽量减少母婴分离并尽早进行频繁地母乳喂养,最好在分娩后第一个小时开始,在婴儿血糖稳定前的最初几个小时内,每小时进行一次母乳喂养。分娩后应密切监测母亲的血糖,使其迅速恢复良好的血糖控制状态。Ⅰ型糖尿病可能会延缓分娩后的乳汁增加速度,而过早给婴儿喂牛奶是Ⅰ型糖尿病的环境触发因素之一。如果母亲泌乳延迟,婴儿需要配方奶,应避免使用基于牛奶的婴儿配方奶,可以使用母亲在孕期挤出和储存的初乳、捐赠人乳或低敏配方奶。

(2)母亲的胰岛素水平。母乳喂养对母亲的胰岛素反应具有长期的健康影响,可以增加胰岛素敏感性。用乳汁来"滋养"母亲的新陈代谢系统,可提高其效率,也可将患有Ⅰ型糖尿病的母亲所需的胰岛素量减少27%～50%。离乳时建议逐步、自然离乳,以便母亲更容易维持正常的血糖水平。

3. Ⅱ型糖尿病

Ⅱ型糖尿病又称非胰岛素依赖性糖尿病,约占糖尿病病例的90%。患有此类糖尿病的母亲无法产生足够的胰岛素,或身体中的胰岛素受体对胰岛素没有正常反应,即所谓的胰岛素抵抗。当糖积聚在血液中,而不是被细胞用作燃料时,会导致眼部、皮肤、足部、心脏和其他系统的各种相关并发症。

(1)母乳喂养问题。给婴儿进行母乳喂养可降低母亲患Ⅱ型糖尿病的风险,在今后生活中也可降低血糖水平。Ⅱ型糖尿病母亲的婴儿出生时也面临血糖较低的风险,母亲在分娩后第一个小时开始,在婴儿血糖稳定前的最初几个小时内,每小时进行一次母乳喂养。

(2)母亲的胰岛素水平。哺乳会增加女性的胰岛素敏感性,从而降低Ⅱ型糖尿病的严重程度,并且在几年内对她的新陈代射有正面影响,包括更佳的血压、空腹血糖、胆固醇和甘油三酯水平等。母乳喂养持续时间的延长可降低Ⅱ型糖尿病的发病率。

4. 妊娠糖尿病

妊娠糖尿病是因为孕妇胰岛素分泌不足或是身体有胰岛素抵抗的状况,使身体一直处于高血糖状态,导致妊娠糖尿病。有4%的孕妇会罹患此病,而患有妊娠糖尿病的女性中约有50%会发展为其他类型的糖尿病。和Ⅰ型及Ⅱ型糖尿病一样，对于患有妊娠糖尿病的母亲，母乳喂养也可增加胰岛素敏感性。母亲在产后进行母乳喂养，可明显提高葡萄糖代谢能力，使糖尿病病程的发展速度减缓两倍。

与患其他类型糖尿病母亲的婴儿一样，这些婴儿也需要及时稳定血糖，尽量减少母婴分离，母亲分娩后第一个小时开始，在婴儿血糖稳定前的最初几个小时内，每小时进行一次母乳喂养。

5. 苯丙酮尿症

苯丙酮尿症的母亲天生不能完全代谢人乳的必需氨基酸苯丙氨酸并从尿中大量排出。患有苯丙酮尿症的孕妇，通过谨慎饮食控制血液中的苯丙氨酸水平至关重要，因为血液中苯丙氨酸含量过高会导致婴儿智力障碍。此病对刚出生的婴儿多无症状，对脑部所造成的伤害是渐进性的，约在3～4个月后症状才会慢慢出现。其症状有呕吐、皮肤毛发颜色变淡、湿疹、生长发育迟缓、尿液和体汗有霉臭味、抽搐、颤抖等异常的动作。若等到此时才开始治疗，往往脑部神经已造成无法弥补的伤害。因此，患有苯丙酮尿症的孕妇必须经常仔细监测饮食，以避免这些物质所致的苯丙氨酸水平升高的风险。

患有苯丙酮尿症的女性达到生育年龄时，在监测饮食的前提下，可以怀孕并分泌正常的乳汁进行母乳喂养。

6. 妊娠期卵巢卵泡膜黄素囊肿

这是女性在怀孕期间发生于卵巢的一种良性囊肿，多发于使用辅助生育技术怀孕的女性，自然怀孕期间较为少见。这种囊肿会分泌睾酮，有时高于正常水平的10～150倍。当睾酮水平非常高时，女性身体或面部毛发可能会异常生长，声音可能会变得更低沉；当睾酮水平适中时，可能没有明显的症状。

女性分娩后，囊肿无需治疗即可消退，几周内母亲的睾酮水平就会恢复正常。但是在产后的最初几周，睾酮水平高于正常水平可能会抑制乳汁分泌。当发现乳汁不足时，通过持续的乳房刺激（用乳旁加奶装置或挤奶），当睾酮水平恢复正常（通常在产后2～4周），乳汁才会开始增加。在此期间，泌乳顾问应鼓励母亲在泌乳量上升之前咨询医生推荐适当的母乳替代品喂哺婴儿。

7. 多发性硬化症

多发性硬化症是一种以大脑和脊髓炎症为特征的自身免疫性神经系统疾

病。多发性硬化症的发病过程、严重程度和症状各不相同，症状可能较轻微，如肢体麻木；也可能比较严重，如瘫痪或视力丧失。

多发性硬化症不会通过母乳喂养传染。患多发性硬化症的母亲在分娩后头3个月很可能会复发，通过与母乳喂养兼容的药物治疗，轻症的母亲可能不必要停止母乳喂养，待症状过去后母亲可完全康复，但有很长的缓解期。出现严重症状的母亲，她的症状可能会逐渐恶化，无法消退，或者可能会反复复发，以致逐渐发展为永久性残疾，难以进行母乳喂养。因此应由医生和母亲在权衡风险和益处后做出继续或停止母乳喂养的决定。

8. 多囊卵巢综合征

多囊卵巢综合征不是一种疾病，而是至今尚不完全明确的一系列症状，影响多达15%的女性，是导致不育症的主要原因之一，许多伴有多囊卵巢综合征症状的女性在育龄期还会患上Ⅱ型糖尿病。常见症状包括如下几方面。

（1）高水平的雌激素和雄激素（睾酮和其他雄性激素），可引起严重的痤疮、皮肤变色和毛发过度生长。

（2）高胰岛素水平，导致肥胖。

（3）多发卵巢囊肿。

（4）月经异常，通常始于青春期，可导致不孕。

伴有多囊卵巢综合征症状的母亲的激素紊乱在类型和程度上均有所不同，因此对母乳喂养的影响不同。与其他母乳喂养的危险信号一样，如果母亲患有多囊卵巢综合征，应在不影响她对母乳喂养信心的前提下对其泌乳量和婴儿的体重进行密切监测。

9. 类风湿性关节炎和全身性红斑狼疮

类风湿性关节炎和全身性红斑狼疮是自身免疫功能紊乱疾病，由免疫系统被一种称为"自身抗体"的异常抗体破坏身体组织引起。这类疾病通常发生在出斑和缓解期间。在出斑期间，女性可能会并发关节肿胀、疼痛、疲劳和发热，患有红斑狼疮的女性可能出现神经系统疾病，器官功能受损，严重者可发生器官衰竭。

母乳喂养不会使婴儿患此种疾病，母乳喂养似乎还可以保护母亲不患这些疾病，长期的母乳喂养可比短期母乳喂养提供更大的保护作用。许多患有类风湿性关节炎的母亲在妊娠中期开始出现症状缓解，但会在产后3～4个月内复发。当症状复发时，母亲可能会误认为是母乳喂养所致而离乳。对于许多母亲来说，母乳喂养的激素变化有助于延长症状缓解期，应坚持喂下去。

10. 甲状腺疾病

产后甲状腺疾病是女性怀孕前有正常的甲状腺功能，在分娩后被诊断为甲状腺功能异常和新发甲状腺炎。蝴蝶形甲状腺位于颈部，可释放激素（T_3和T_4）来调节大部分身体活动，如代谢、产生热量、脑和心脏功能等。当甲状腺功能亢进（甲亢）时，会释放过多的激素；当甲状腺功能低下（甲减）时，释放的激素会过少。甲状腺激素过多或过少都可能会影响母亲的情绪、精力状态、健康状况和乳汁分泌情况。任何有甲状腺病史的母亲，都应在怀孕期间和分娩后每隔几周监测一次甲状腺水平，以便根据激素水平的变化对治疗药物作出调整。

（1）产后甲状腺炎。约10%的孕妇会发生产后甲状腺炎，这种疾病可能发生在没有甲状腺病史的母亲中，通常在产后1～4个月内出现甲状腺功能亢进，症状包括心跳加快、失眠、焦虑、体重减轻和易怒，这种亢进期可能持续数周或数月。在产后4～8个月，一些母亲会出现一段时期的甲状腺功能减退，症状包括体重增加、疲劳、便秘、抑郁和泌乳减少。进行甲状腺功能减退和甲状腺功能亢进的治疗可使甲状腺水平恢复到正常范围，患有此病症的母亲，通过治疗有80%的症状在12个月内消退。

产后甲状腺炎有时会被误诊为格雷夫斯病。格雷夫斯病症状较严重，患者血液中的甲状腺激素水平明显较高；而产后甲状腺炎症状较轻微，患者的血液甲状腺激素水平相对较低。患产后甲状腺炎的母亲可以正常母乳喂养。

（2）甲状腺功能低下。甲状腺功能低下的原因包括自身免疫性疾病（如桥本氏甲状腺炎）、医疗过程（如手术或甲状腺放疗）、药物以及脑垂体损伤。甲状腺激素低于正常水平会导致一些症状，如感觉发冷、筋疲力尽、健忘、抑郁、便秘等。由于这些症状并不明显且发展缓慢，因此甲状腺功能低下常常被误诊或漏诊。

甲状腺功能低下可导致母亲泌乳量低，接受药物治疗后泌乳量可恢复正常水平，治疗甲状腺功能低下的药物与母乳喂养是兼容的。

（3）甲状腺功能亢进。70%的甲状腺功能亢进是由格雷夫斯病引起的，格雷夫斯病是一种自身免疫性疾病。当母亲甲状腺水平高于正常水平时，其身体新陈代谢速度更快、心跳加速、焦虑、失眠、易怒、出汗、体重下降；她的眼睛可能会鼓起来，甲状腺肿胀发展能在颈部见到肿块（甲状腺肿大）。通常应先做身体检查进行诊断，再通过血液检查确诊。甲状腺功能亢进可能增加心脏、肌肉和神经系统严重的健康问题。

患甲状腺功能亢进的母亲可能出现泌乳量过多的现象，也有一些母亲的喷乳反射被影响了，会出现泌乳量减少的情况。接受药物治疗可保证母亲的健康水平，稳定泌乳量。治疗甲状腺功能亢进的药物与母乳喂养是兼容的，若使用放射性治疗，母乳喂养需要暂时中断直至放射药物的半衰期过去才可继续母乳喂养。

六、头痛

一些头痛，如偏头痛，似乎受到女性激素波动的影响。与女性生活中的其他时期相比，偏头痛在怀孕期间和绝经后往往不太频繁。母乳喂养可能会在产后缓解偏头痛。一些母亲发生偏头痛和母乳喂养相关。

（1）一些母亲在哺乳期间偏头痛病情加重，只能通过离乳才能缓解。

（2）在离乳期间，乳房处于过度饱胀状态时发生偏头痛。

（3）一些母亲会在哺乳时第一次喷乳期间或乳房饱胀时发生偏头痛。

七、住院治疗和手术

对于哺乳母亲，住院治疗和手术无疑是一个困难的时期。

1. 住院治疗

泌乳顾问和哺乳母亲讨论住院治疗时，为了清楚了解她的情况和给予适当的建议，应询问如下基本信息。

（1）住院的原因和预计住院时间。

（2）母乳喂养的婴儿年龄，以及兄弟姐妹们的年龄。

（3）母亲的长期和短期母乳喂养目标。

（4）住院期间如何安顿母乳喂养婴儿的计划，如婴儿是否一起住院，是否可以跟母亲见面，见面的频次。

（5）住院期间以及出院后，家人和朋友可以提供哪些帮助。

（6）参与治疗的医护人员对母乳喂养的看法。

（7）住院期间是否可以获得泌乳顾问的帮助，是否能使用吸奶器。

哺乳母亲在住院过程中可以寻求医院的泌乳顾问或母乳喂养机构的帮助。

如果母亲住院期间会与婴儿分开，但还想继续哺乳，泌乳顾问要与她讨论挤奶的策略；如果母亲要在身体康复前离乳或者想暂时减少泌乳量，泌乳顾问要与她讨论如何挤奶来逐步安全和舒适地减少泌乳量。泌乳顾问可以帮助母亲规划母婴分离时，婴儿接受奶瓶或其他喂养方式，消除母亲对婴儿抗拒乳房的担忧，鼓励母亲出院后继续进行母乳喂养。

2. 手术

手术后的病情和疼痛程度将决定母亲是否可以母乳喂养并照顾婴儿，如果能在手术前提前计划，有足够的动力并能得到帮助，则可以做到母乳喂养。泌乳顾问应询问母亲手术后感觉如何，让母亲清楚她的预期目标并决定是否母乳喂养。有些母亲可能想尽快进行母乳喂养，而另一些则想要或需要等几天。如果需要等待，泌乳顾问要帮母亲安排有效的吸奶计划，如有必要，指导她的家人或照顾者帮助她挤奶。母亲的体力恢复至能坐起来抱住婴儿便可以亲自喂奶。

3. 麻醉

母亲从手术室出来时已恢复正常，意味着麻醉药物已经从母亲的血液和乳汁中排了出去。如果母亲不放心，术后吸一次奶并扔掉可明显清除乳汁中的药物，不过很少需要这么做。手术后 12～24 h 暂停母乳喂养，只适用于早产并伴有呼吸暂停、低血压或身体虚弱的母亲。手术后，大多数健康足月婴儿或较大婴儿的母亲一旦意识清醒、恢复警觉、身体稳定后，就可以立即开始母乳喂养。

八、身体损伤和身体障碍

1. 身体障碍

身体障碍的母亲想要进行母乳喂养时，可以布置一个"母乳喂养角"，将所有的东西都放在伸手可及的地方，使其轻松取用。根据需要使用枕头、婴儿车或其他工具，来简化婴儿护理和母乳喂养流程。

如果母亲很难承受婴儿的体重或感到慢性疲劳，可以尝试后躺式和侧卧式等母乳喂养姿势；如果母亲坐轮椅，婴儿更换尿布和睡觉的地方要保证轮椅能自由通过。

2. 腕管综合征

腕管综合征指由于重复的手部运动引起腕部组织肿胀，压迫手部神经，症状包括手部麻木、刺痛和从手腕延伸到肩膀的疼痛。如果妊娠期间患上腕管综合征，通常在分娩后无需治疗即可消退。少数母亲在母乳喂养第一个月患上此病，离乳后症状才完全消退。

如果母亲难以忍受用手臂支撑婴儿的体重去哺乳，泌乳顾问可以建议她尽可能采用后躺式或侧卧式母乳喂养姿势，还可以根据需要靠着枕头或垫子，或者将婴儿放在背带或婴儿车中喂养。

3. 癫痫

癫痫是一种中枢神经系统障碍，患者的脑活动变得异常，特征为无诱发原因下持续重复或长或短的严重抽搐，也会出现一段时间的异常行为、感觉，有时甚至丧失意识。

药物治疗可以有效控制癫痫发作，但是在怀孕期间，许多女性身体会发生变化，癫痫频繁发作，而且常用剂量的药物效果不佳。

母乳喂养与癫痫发病率增加不存在关联。无论用什么方式喂养婴儿，母亲癫痫发作时保证母乳喂养环境的安全都是至关重要的。为保证安全，可以采取以下方法。

（1）选择一个带垫子的哺乳区域，例如床或扶手带有衬垫的椅子，如果没有衬垫，可以叠两条毛巾，将它缠在扶手上固定，以便在母亲癫痫发作时保护婴儿头部，起到缓冲的作用，同时也可以避免母亲擦伤。

（2）采用直立哺乳姿势坐喂时，保持双脚抬高，以便在癫痫发作时婴儿能落到母亲膝盖上而不是掉在地板上。

（3）床上使用护栏并垫上枕头，也可睡在铺在地板的床垫上。

（4）在家里的每一个空间都设置安全表面，如婴儿车、童车、便携式婴儿床或家庭小游乐区，以便当母亲感觉自己快要癫痫发作时把婴儿放到这些地方。

（5）在地板上更换婴儿的尿布，如果在较高的地方换，一定要牢牢地抱着婴儿。

（6）只有另一位成年人在场时，母亲才能给婴儿洗澡。

（7）婴儿在爬行和走路时，楼梯和门口应使用闸门阻挡，不能只依赖母亲的看护。

（8）母亲外出时，在婴儿车上贴上标签或贴纸，包含癫痫病信息、婴儿的姓名以及家人的联系方式。

4. 脊髓损伤

对于脊髓损伤的母亲，身体上的局限将取决于受伤的位置和程度，一般来说，脊髓损伤越少，功能丧失越少；脊髓损伤越大越完全，功能丧失就越多。

如果脊髓损伤导致母亲乳房知觉完全丧失，可能会抑制喷乳，这是因为触发喷乳反射的乳房和大脑之间的神经通路不再起作用，此时，可通过心理意象帮助触发喷乳反射。

5. 中风

分娩期间最常见的中风类型是由阻塞血液流向大脑的血块引起的。中风对身体的影响程度取决于其严重程度和脑部哪一侧受到影响。发生中风时，母亲仍然可以在得到支持和帮助下进行母乳喂养。如果母亲出现麻痹症状，家人可帮她抱着婴儿哺乳。泌乳顾问可以建议母亲尝试躺在受影响的一侧，这样就可以使用不受影响的手臂和手帮助婴儿吸吮乳房。

6. 视力障碍

当母亲的视力有障碍时，其他感官可以帮助她亲近婴儿，如用背巾或背带抱着婴儿，就能让母亲通过婴儿的动作和呼吸变化解读他的饥饿信号。如果母亲完全失明，母乳喂养比配方奶喂养更容易操作，因为配方奶需要计量、配置、倾倒和消毒，流程较为复杂。

泌乳顾问在触碰母亲或婴儿之前，事先应表达这一意向并征求她同意，让她有心理准备。

第二节 患病婴儿的母乳喂养

母乳喂养对患病婴儿十分重要，主要原因有两点：一是母乳中的免疫活性物质能增强婴儿抵御疾病的能力，加速机体康复；二是母乳的液体成分多，且容易吸收，能给婴儿提供充足的水分。婴儿因患病没有胃口和精力在乳房上吃奶，应尽快进行挤奶喂养。

一、新生儿黄疸

1. 产生的主要原因

母亲怀孕期间,胎儿无法直接通过呼吸来获得机体代谢需要的氧气,而需要母体通过胎盘输送氧气,由于这种方式获得的氧气浓度较低,需要较多的红细胞从母体输送氧气才能满足机体正常代谢需求。出生后,新生儿开始通过肺部呼吸来提供比宫内环境浓度高的氧气,对用于输送氧气的红细胞的需求明显减少,这些多余红细胞就被机体破坏分解,产生了重要的代谢产物——胆红素。胆红素本身是一种黄色的物质,如果胆红素在新生儿体内的浓度升高到一定程度,婴儿皮肤就会呈现黄色,这就是医学上所称的黄疸,严重可致脑损伤甚至死亡。

2. 类型

常见的新生儿黄疸分为3类:生理性黄疸、病理性黄疸、母乳性黄疸。

(1)生理性黄疸。生理性黄疸是正常的黄疸,超过60%的新生儿在出生后2~5天会出现生理性黄疸。与成人的黄疸不同,新生儿黄疸主要是出生后,破坏多余红细胞的过程中生成了更多的胆红素,同时肝脏尚不成熟,处理胆红素的速度慢,再加上新生儿肠道通透性较高,更容易重新吸收胆红素。

研究表明,新生儿早期频繁吸吮母乳对避免黄疸水平过高有重要意义,母乳喂养可以防止新生儿黄疸加重,是黄疸治疗的策略之一。母乳摄入增加可以促进肠道排泄胆红素较多的大便,从而减少胆红素在肠道内的再吸收,进而降低新生儿的胆红素水平。生理性黄疸还有一个特点,就是胆红素水平一旦开始下降,就很少有反弹的情况,如果黄疸退而复现,需要警惕病理因素存在的可能。

(2)病理性黄疸。病理性黄疸是异常的黄疸,常在婴儿出生后24 h内发生,通常在败血症、肝脏疾病、肠梗阻、代谢紊乱等病理状况下发病。因此,对病理性黄疸需要寻找潜在的病因,积极对因治疗。病理性黄疸的发生通常与新生儿的喂养不相关,也不影响母乳喂养。

(3)母乳性黄疸。母乳性黄疸通常出现在出生后2周至3个月,又称作晚发型黄疸。目前认为,母乳性黄疸可能是延长的生理性黄疸期,且具有家族遗传性,对于曾出现母乳性黄疸的新生儿,其同胞也更容易出现。母乳性黄疸的形成机理目前仍然不是十分明确,可能与母乳中的特殊成分(β葡萄糖醛酸酶)活性过高,而使胆红素在肠道重吸收增加有关。这种轻至中度的黄疸对机体本身无害,如胆红素浓度不超过 20 mg/dl(342 mmol/L),则不需要治疗,母乳喂养可继续进行。

二、新生儿低血糖

在新生儿出生后的前几天,他需要适应从宫内到宫外的许多生理方面的变化,血糖变化是其中重要的一部分。泌乳顾问了解在这些变化中,哪些是正常的,哪些是异常的,深入学习母乳喂养的健康足月儿正常的血糖水平变化特点及机理,对正确指导母亲哺乳有着重要意义。

1. 新生儿血糖水平的正常变化

新生儿出生后,随着脐带结扎,原来在宫内通过胎盘供氧和供能的方式瞬间停止,需要通过呼吸和肺的扩张获得氧气,通过吸吮乳汁获得食物和能量。这个生理性的转变过程需要一定的时间,造成新生儿的血糖水平出现一段生理性的波动过程。

新生儿出生后 72 h 内的正常血糖下限见表 9-1。

表 9-1 新生儿出生后 72 h 内的正常血糖下限值

出生后时间(h)	≤第 5 百分位的血浆葡萄糖浓度
1 ~ 2(最低点)	28 mg/dl(1.6 mmol/L)
3 ~ 47	40 mg/dl(2.2 mmol/L)
48 ~ 72	48 mg/dl(2.7 mmol/L)

新生儿出生后 2 h 内的血糖下限值最低,此后逐渐恢复至稳定水平。在正常生理状态下,机体会通过糖异生、肝糖原分解、酮体生成等内源性的供能途径维持机体的能量需要。这些供能途径保证了绝大部分新生儿在母乳尚未充足分泌时,机体的生理活动不受影响;新生儿的大脑在葡萄糖供能不足时可以利用酮体供能,因此新生儿出生后短时间内葡萄糖供能不足时不会出现临床症状。研究发现,配方奶喂养的新生儿比母乳喂养的新生儿同期血糖水平略高、酮体水平略低,由此可见,人工喂养一定程度抑制了机体的酮体供能途径。

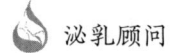

2. 新生儿低血糖的高危因素和常见症状

目前已知的新生儿低血糖的高危因素见表 9-2，对于存在这些高危因素的新生儿，出生后早期需要常规监测血糖，如有异常，需及时处理。

新生儿低血糖的症状通常不典型，如果出现以下表现，需要警惕低血糖：震颤、易激惹、肌紧张、过度拥抱反射、高调哭声、惊厥、嗜睡、肌张力减低、吸吮无力或拒绝吃奶、呼吸暂停或呼吸不规律、呼吸急促、低体温或体温不稳定、发绀、血流动力学不稳定、昏迷等。某些症状与正常婴儿的行为表现类似，需要加以鉴别，例如健康的婴儿也会出现震颤，但通常给予吸吮手指等安慰后，震颤即可消失，与低血糖引起的震颤不同。

泌乳顾问应当谨记，健康的足月儿不会仅仅因为一定时间的营养不良而出现临床上显著的低血糖症状。若母乳喂养的足月儿出现低血糖症状，需警惕可能存在某种潜在健康问题，如败血症、先天性代谢缺陷等，而不能简单归因于喂养不当。

表 9-2 新生儿低血糖的高危因素

1. 小于胎龄儿（出生体重小于同胎龄体重的第 10 百分位）	10. 新生儿硬肿及寒冷损伤
2. 皮下脂肪和肌肉容积较少的婴儿	11. 小头畸形或中线结构缺陷的婴儿
3. 大于胎龄儿（出生体重大于同胎龄体重的第 90 百分位）	12. 感染的婴儿
4. 双胎妊娠中的较小者（出生体重比较大者低 10% 以上）	13. 呼吸窘迫的婴儿
5. 糖尿病母亲的婴儿，特别是孕期血糖控制不佳者	14. 出生缺陷或内分泌代谢异常的婴儿
6. 低出生体重儿（<2 500 g）	15. 母亲孕期应用平喘药、β 受体阻滞剂、降糖药等
7. 小于 35 周及伴有喂养困难的早产儿	16. 伯-韦综合征的婴儿
8. 围产期严重酸中毒或缺氧缺血的婴儿	17. 新生儿高胆红素血症
9. 有红细胞增多症及高黏滞血症的婴儿	

三、胃食管反流病

1. 正常吐奶、胃食管反流和胃食管反流病的区别

婴儿都会吐奶，泌乳顾问要指导母亲正确区分正常吐奶、胃食管反流和胃食管反流病。

（1）正常吐奶。正常吐奶又称"漾奶"，是婴儿的胃内容物反流到嘴里的现象，几乎见于所有的健康婴儿，是由于婴儿的胃贲门括约肌尚未发育成熟造成的，并不意味着喂养过量或母亲摄入的特殊食物引起了过敏反应。吐奶的发生率会随着婴儿长大逐渐降低，在1月龄内约为73%，3月龄降至50%，12月龄时仅为4%。吐奶高峰期在第4个月，到8~10月时由于括约肌发育成熟且食管变长，婴儿身体立位时间增加，吐奶逐渐减少。如果婴儿吐奶量很大，但精神状态好，体重在正常范围内增长，就无需特别处理，随着婴儿长大症状会逐渐消失。

（2）胃食管反流。是指胃内容物不自觉流入食管，可发生于正常婴儿和成人，每天可能发生很多次，属于正常情况。

（3）胃食管反流病。与胃食管反流和正常吐奶不同，胃食管反流病是一种疾病，包括胃食管反流导致的组织损伤、相关症状或并发症。婴儿患有胃食管反流病时，可能不伴随吐奶（称为静态反流），但含有胃酸的反流物会损伤下段食管，使婴儿在吃奶时感到疼痛。这种情况下，婴儿刚开始吃奶时状态很好，一旦疼痛发作，就会把身体蜷缩起来哭，时间久了婴儿会因为害怕疼痛而只吃少量的奶，从而导致体重下降。

胃食管反流病的常见症状有哭闹、烦躁、频繁而强烈的打嗝、睡眠不安、打挺、食欲下降、体重增加减慢或停止。引发胃食管反流病的高危因素有早产、脑损伤、肥胖、慢性呼吸系统疾病、食管闭锁手术修复史等。对于有高危因素的婴儿，出现上述症状，要警惕胃食管反流病发生的可能。

2. 胃食管反流病和母乳喂养

（1）母乳喂养对胃食管反流病的益处。对于患有胃食管反流病的婴儿，母乳喂养比配方奶喂养更有优势。配方奶比母乳吸收慢，在胃内停留时间更长，更易反流到食管引起损伤。母乳喂养的婴儿胃内pH值为7.2，较配方奶喂养的pH值（7.25）略低，更容易刺激胃蠕动，加速胃排空。在喂养姿势方面，与用配方奶喂养的婴儿相比，母乳喂养的婴儿在吃奶时通常会上半身直立，同时母乳喂养会触发婴儿从舌头到胃肠道的蠕动。这些都有助于预防胃食管反流病的发生。

（2）胃食管反流病与牛奶蛋白过敏。泌乳顾问在与母亲讨论婴儿反流问题时，需要注意有些与反流类似的症状可能是其他疾病。例如母乳喂养的婴儿患有牛奶蛋白过敏时，表现与胃食管反流病极为相似。因此，母乳喂养的婴儿出现反流症状时，母亲可以尝试 2~4 周的膳食成分剔除疗法（如暂停食用乳制品和蛋类），以排除牛奶蛋白过敏的可能。对于配方奶喂养的婴儿，建议只使用水解蛋白或氨基酸配方奶粉。

3. 胃食管反流病的诊断和处理策略

（1）胃食管反流病的诊断。胃食管反流病的诊断通常从症状调查问卷开始，需要综合诊断。诊断性检查用于定位食管中的胃内容物，发现反流引起的并发症，确定当前的症状由反流病引起，排除其他状况。

（2）胃食管反流病的处理策略。胃食管反流病的处理策略主要是采用调整喂养体位的方法，包括：婴儿醒着的时候采用俯卧位，使婴儿处于"头部高于腿部"的状态，从而防止反流发生；在哺乳后，保持婴儿竖抱状态，持续至少 15~30 min，让胃内容物尽可能停留在胃内；换尿布时，让婴儿翻成侧卧状，而不是抬高双腿。此外，半坐姿势压住腹部可促发反流，因此仅限乘车坐在婴儿座椅上时采用。

胃食管反流病的喂养策略是"少量多次"，因为短时间大量地摄入乳汁会诱发反流。通过增加食物的黏稠度来减少反流的方法仅适用于配方奶喂养的、无牛奶蛋白过敏的婴儿，方法是在配方奶粉中添加谷物，或使用预增稠的配方奶粉。而母乳中含有各种酶，任何增稠剂都会被酶水解，所以无法加稠。此外也不建议为了治疗胃食管反流病而用增稠的配方奶替代母乳喂养，因为与母乳相比，增稠的配方奶消化更慢，在胃内停留时间更长，更容易诱发反流。

胃食管反流病不是致命性的疾病，但可能引起肺炎或哮喘，而这两种并发症有时可能很严重。因此，在排除其他状况引起的反流之后，对于出现严重并发症的胃食管反流病需要进行手术治疗。多数情况下，当反流症状影响婴儿的体重增长或吃奶时产生疼痛，可以考虑药物治疗。治疗胃食管反流病的药物是最常见的处方药，目前使用的药物主要是胃酸抑制剂（包括质子泵抑制剂和 H2 受体阻滞剂）和胃动力药物两类。不少母亲担心过度用药的问题，用药过程中应当注意根据体重增长及时调整剂量，如果原来有效的药物使用过程中逐渐效果不佳，首先要检查按当前体重计算的药量是否需要增加。

就像吐奶一样，随着婴儿长大，直立位姿势的时间变多，食管变长，胃食管反流病也会逐渐自愈。

四、呼吸系统感染性疾病

1. 上呼吸道感染

上呼吸道感染症状包括鼻塞、咳嗽、耳痛。当婴儿有鼻塞症状时，会影响正常吸吮吃奶，这种情况泌乳顾问应建议母亲向医护人员咨询如何缓解症状。通常下列措施有助于缓解婴儿的鼻塞。

（1）保持婴儿竖抱状态，喂奶时使婴儿头部位置高于腿部，这样更容易使鼻部通畅，较大的婴儿可以坐直哺乳，如图9-1所示。

（2）用空气加湿器或打开浴室喷头增加室内空气湿度。

如果婴儿有耳部感染，会因吸吮时感到疼痛而拒奶，那母亲就要把母乳挤出来，用勺子或杯子给婴儿喂奶。

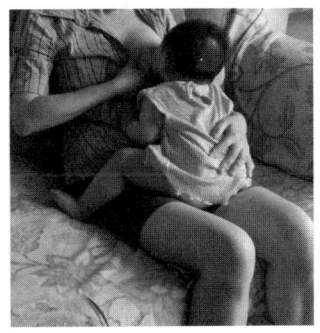

图9-1 坐直哺乳

除了流行性感冒外，上呼吸道感染病症通常较轻，即使发热也一般状况良好，而且这类感染通常是病毒引起，不需要抗生素。

2. 下呼吸道感染

下呼吸道感染包括毛细支气管炎和肺炎，病症通常更严重。婴儿可能呼吸急促，并且吃奶少。这种情况即使婴儿住院，条件允许时也应该继续母乳喂养，母乳中的免疫成分会促进婴儿恢复。

五、腹泻

腹泻是全球婴幼儿死亡的常见原因之一，而母乳喂养对于婴儿腹泻具有剂量反应的保护关系。研究表明，与纯母乳喂养的婴儿相比，在6~11月龄，非母乳喂养婴儿的腹泻风险增加32%，腹泻引起的死亡率增加47%。

1. 腹泻或腹泻合并呕吐

在婴儿腹泻期间，家长应当警惕婴儿是否有脱水的表现，包括精神萎靡、哭声低、皮肤弹性差、口唇干燥、泪少或无泪、更换尿布频次减少、囟门和眼窝下陷、体温升高（脱水热），出现其中任何一种，都要尽快就医。

在婴儿腹泻期间，不建议停止母乳喂养或限制液量摄入，实际上继续母乳喂养，婴儿恢复更快。如果病情很严重，就要采取其他治疗措施，例如口服补液、补锌以及应用抗生素。

有些患儿在胃肠炎症恢复以后会出现持续几周的腹泻，这是肠黏膜细胞受损造成的暂时性乳糖不耐受，使得肠道无法分泌足够的乳糖酶来分解乳糖，但对于多数患儿，这期间可以继续母乳喂养，婴儿的胃肠功能会逐渐恢复。

2. 乳糖不耐受引起的腹泻

乳糖不耐受是指机体产生的分解乳糖的酶（乳糖酶）水平低下，造成乳糖在肠道内积聚而引起的腹泻。母乳中的乳糖含量虽然较高但母乳中也含有充足的乳糖酶，母乳喂养的婴儿胃肠功能并未因乳糖不耐受而受到影响。乳糖对于婴幼儿神经系统发育有重要意义。

乳糖不耐受有以下4种类型。

（1）原发性乳糖酶缺乏症。这种存在于全球70%的人群，通常症状在3~4岁以后甚至成人期出现。其患者服用牛乳后可引起水样酸性便伴腹胀、腹部不适。

（2）继发性乳糖酶缺乏症。多见于婴幼儿胃肠疾病的恢复期，是患病期间肠黏膜暂时受损引起的，通常会自行恢复，母乳喂养不受影响。

（3）发育性乳糖酶缺乏症。多见于胎龄小于34周的早产儿，由于肠道发育不成熟引起的暂时性乳糖酶分泌不足，随着发育成熟症状会逐渐消失。

（4）先天性乳糖酶缺乏症。这是一种常染色体隐性遗传病，较为少见。由于机体无法产生乳糖酶，婴儿出生后就会出现脱水和精神差等严重症状，这类患儿禁止母乳喂养。

六、呕吐

呕吐与吐奶不同，50%以上的婴儿都存在吐奶问题，呕吐是另一种胃肠疾病，可以与腹泻同时发生，患儿可能出现腹痛、食欲差等症状，发生脱水的风险也大大增加。

呕吐患儿的母乳喂养策略是控制母乳喂养量到不诱发呕吐的程度。可以采用长时间同侧乳房哺乳或哺乳前挤出部分母乳后再让婴儿吸吮的方式，从而避免短时间内摄入大量母乳。对于 6 个月以上的婴儿，可以尝试使用薄冰片或用杯子喂口服补液盐来防止脱水。

七、发热和哭闹

发热和哭闹是母乳喂养期间的婴儿最常见的症状。

1. 发热

婴儿发热的常见原因有以下两类。

（1）包裹太多或环境温度过高引起发热。父母应当注意保持婴儿的衣服厚度与自己相似，避免出现捂热。

（2）接种疫苗引起的发热。这是疫苗常见的不良反应，通常无需特别处理。

如果发热的原因不是以上 2 种，就需要咨询医生，警惕感染或其他疾病引起的发热，特别是婴儿出现烦躁不安、精神差等症状时，应嘱咐母亲及时带婴儿就医。

2. 哭闹

哭闹本身是一种自我保护机制，婴儿通过哭闹提醒母亲注意。婴儿哭闹最常见的原因是饥饿，因此无论与上次喂奶间隔多久，首先要注意婴儿是否饥饿；如果排除了饥饿，就要注意是否是尿布湿、红臀、太热或太冷、疼痛、生病或孤独寻求关注引起的哭闹，给予相应的处理，如果有疾病影响则及时就医。此外，肠绞痛也是引起婴儿哭闹的常见原因，一般在出生后 2~3 周出现，6 周左右达到高峰，12 周左右消失。肠绞痛引起的哭闹通常发生在傍晚，此时多陪伴婴儿，抱一会儿，对于减轻哭闹有一定帮助。

八、婴儿住院治疗和手术

母乳喂养期间的婴儿住院会给家庭带来很多焦虑，除了担心婴儿的健康问题，很多母亲也担心住院期间母乳喂养是否会受到影响。本小节主要讨论婴儿住院期间如何进行母乳喂养，如何通过母乳喂养减轻医疗操作中的疼痛以及需要手术治疗的婴儿术前禁食的问题。

1. 采集与住院相关的信息

当遇到母亲咨询婴儿住院期间母乳喂养问题时，泌乳顾问首先需要和母亲了解以下信息。

（1）婴儿的年龄。

（2）婴儿所患的疾病。

（3）婴儿是否母乳喂养。

（4）婴儿的主治医生对于母乳喂养的建议。

（5）母亲可以与婴儿在一起的时间有多久。

2. 婴儿住院期间的挤奶问题

如果由于疾病原因不具备母乳喂养条件，泌乳顾问应与母亲讨论母乳喂养的目标和挤奶方式以维持泌乳量。对于新生儿，每天挤奶次数不应少于8次，以保证母亲泌乳量充足；对于1～6个月的婴儿，每天挤奶次数应为7次，以维持母亲的泌乳水平；对于6个月以上的婴儿，由于已经开始添加辅食，母乳的量可多些也可少些，只要保证母亲有泌乳功能即可，因此可以按照婴儿平时的吃奶规律挤奶。

3. 婴儿住院期间母乳喂养的其他问题

在住院期间，婴儿的常规喂养方式可能发生变化，生病期间吃奶量通常会下降，此时如果母亲担心母乳喂养的问题，泌乳顾问可以肯定地告诉母亲，如果婴儿的吃奶量在生病期间下降，恢复健康后即可恢复正常。

为了使母亲在婴儿住院陪护期间感觉舒适，可以建议母亲从家中携带枕头和舒适的衣物、鞋，了解住院期间母亲如何就餐和饮水、住院环境的哺乳私密性如何（包括是否为单人间或是否有帘子遮挡，如果都没有，则建议母亲准备喂奶时使用的遮盖物）。

4. 母乳喂养在引起婴儿疼痛的医疗操作中的作用

在对婴儿进行足跟采血、静脉抽血、诊断性操作以及放静脉留置针时，会引起疼痛不适，但通常不会采用镇痛措施。母乳喂养在这些操作中可以减轻婴儿的疼痛感，因此如果具备条件，可以与医务人员讨论是否可以在这些操作中进行母乳喂养来安抚婴儿。

在引起疼痛的医疗操作中，对于新生儿的安抚建议按下列优先级进行：首选母乳喂养，其次选肌肤接触，最后选喂蔗糖水和吸吮安慰奶嘴。对于较大婴儿的安抚，建议首选母乳喂养，其次选喂蔗糖水。

5. 母乳喂养与术前禁食

对于需要手术治疗的婴儿，会涉及术前禁食的问题。禁食对母亲和婴儿来说都是痛苦的，母亲会担心禁食期间婴儿饥饿、哭闹而得不到安慰。这种情况下泌乳顾问应当给母亲解释禁食的目的是防止麻醉过程中的呕吐引起误吸，同时医生会最大程度地减少禁食时间，以防止发生低血糖症。泌乳顾问还应当建议母亲尽可能缩短禁食时间来最大程度缓解婴儿的紧张情绪。

禁食时间的长短取决于食物的种类，这是因为胃排空时间会因食物不同而有所差异。食物中含脂肪和蛋白质越多，胃排空时间就越长。术前的禁食时间建议见表9-3。

表9-3　术前禁食时间

摄入的物质	最短禁食时间（h）
透明液体（苹果汁、蔗糖水、电解质溶液等）	2
母乳	4
配方奶	6
其他奶类	6
轻食	6

由上表可知，由于母乳比配方奶排空快，所以可以在手术前4 h开始禁母乳，手术前2 h开始禁水。为了最大程度减少禁食时间，务必要确保婴儿正常进食和饮水直到最后时限，以确保婴儿维持正常的血糖水平。

对于出生不足3月的婴儿，如有必要，应在麻醉镇静前4 h把婴儿叫醒喂奶，从而降低低血糖和血流动力不稳定的风险。此外，在麻醉镇静前2 h，可以继续给婴儿喂食透明液体来增加糖原储备，如苹果汁、蔗糖水、脱脂肉汤、电解质溶液，最后可以选择不加任何糖的饮用水。需要特别注意的是，在麻醉镇静之前至少6 h内需要禁食配方奶或固体食品。

最后，泌乳顾问可以提示母亲，如果条件允许，在术前停喂透明液体后2 h内，母亲仍然可以通过让婴儿吸吮安抚奶嘴或自己洁清的手指来达到安抚目的。

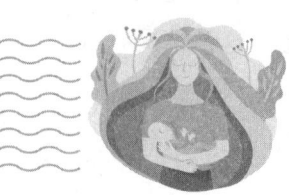

第十章
母婴特殊情况下的母乳喂养

第一节 母亲在特殊情况下的母乳喂养

母乳喂养是母婴正常家庭生活中不可分割的一部分,泌乳顾问只有充分了解母亲在哺乳期可能会面临的各种特殊情况,才能和专业医疗人员配合给予母亲适合的建议,保证母乳喂养顺利进行。

一、孕期哺乳

随着我国实施三孩生育政策,母亲同时哺育二孩、三孩的可能性显著增加。如果母亲在母乳喂养期间怀孕,那么她将面临在孕期是否继续进行母乳喂养,以及新生儿出生后是否同时哺乳的选择。

许多母亲对孕期哺乳存在顾虑,主要有以下几方面的担忧。

1. 担心子宫收缩导致流产

哺乳时可能引起的子宫收缩与发生性关系时的收缩幅度相似。因此,如果医生没有禁止夫妻同房,则无须过早断奶。

2. 担心胎儿和母亲的营养

如果母亲营养良好,母乳喂养通常不会影响胎儿的营养状况。妊娠早期给母亲带来的不适可能对母亲的胃口有一些影响,如果母亲营养不良,提供营养补充剂可以预防潜在的健康风险。

3. 担心妊娠期的泌乳量

大多数母亲注意到在怀孕的第 4 或第 5 个月期间，乳汁转为初乳，泌乳量明显下降。有些婴儿尝到咸味的初乳会自行断奶，但也有些婴儿愿意继续吃奶。如果这时哺乳的婴儿还不到 12 个月，泌乳顾问要建议母亲监测婴儿的体重增长情况，以确保其保持良好的营养状况。

由于母亲的腹部渐渐隆起，某些喂奶姿势会变得更困难，同时随着妊娠期的激素变化，母亲的乳头感觉更敏感，许多母亲在哺乳时会感到不安或烦躁。

为了应对哺乳不适，建议采取以下策略。

（1）改变喂养姿势，确保婴儿深衔乳房。

（2）哺乳时利用深长的分娩呼吸技巧。

（3）母亲可以叫婴儿温柔一些吃奶，或限制母乳喂养的时间。

（4）用手挤奶直至出现喷乳反射，因为乳汁流动可以减轻疼痛。

妊娠期间继续母乳喂养的一个好处是，当母亲想要休息时，可以说服婴儿改变哺乳姿势。如果母亲觉得坚持哺乳有困难，也可以减少母乳喂养，或引导大月龄婴儿离乳。

二、母亲避孕时的母乳喂养

对大多数纯母乳亲喂的母亲来说，激素会减小产后怀孕的几率。哺乳次数越多，让婴儿在乳房上进行安抚性吃奶越频繁，母亲恢复月经越迟，即产生的不孕期比定时喂养和奶瓶补充喂养更长。

分娩 8 周之后，如果母亲有阴道出血 2 天或以上，或者有类似月经的阴道出血，可以假定其已恢复生育能力。月经恢复后继续母乳喂养可以降低母亲怀孕的可能性，母乳喂养或挤奶的增加也可能会再次抑制月经。

1. 泌乳顾问需要了解的信息

（1）母亲的母乳喂养模式和婴儿年龄。

（2）母亲的年龄。

（3）婴儿父亲的意见。

（4）母亲的生育目标。

（5）母亲的健康状况。

（6）母亲的资金来源、医疗保健方案的可行性。

2. 非激素类方法

该方法是哺乳母亲的首选，对母乳喂养没有不利影响。

（1）哺乳闭经避孕法。该方法是一种临时性避孕方法，在产后6个月内可靠度至少为98%。实行最佳母乳喂养可延长自然不育期，取得更好的健康效果，节省避孕药具的花费，还可以使母亲控制其生育能力。

为了使哺乳闭经避孕法起效用，以下3个问题的答案必须是"否"。

1）您的月经恢复了吗？

2）您是否正在定期给婴儿使用配方奶粉或您的婴儿长时间白天、晚上均不进行母乳喂养？

3）婴儿是否超过6个月了？

当使用哺乳闭经避孕法时，如果在任何时间以上问题的回答改为了"是"，就应该开始使用其他避孕方法。如果母亲的月经在分娩6个月后仍然没有恢复，而且婴儿在母乳喂养后再喂食固体食物，白天母乳喂养间隔时间不超过6 h、晚上不超过4 h，那么哺乳闭经避孕法可能持续有效。而挤奶喂养时避孕效果可能较差。

（2）女性在易孕期不发生性行为即为自然避孕法。因为没有涉及药品，自然避孕法对母婴来说是安全的，不会影响母乳喂养。在母亲进行母乳喂养期间，当学会自然避孕法时，可能更难以认识到恢复生育力的迹象。

为了在不使用人造避孕药具的情况下避免妊娠，母亲可以首先采用哺乳闭经避孕法，并在婴儿超过6个月时开始采用自然避孕法。如果方法使用正确，自然避孕法有效率为91%～99%。

（3）隔膜法。隔膜法使用物品主要包括避孕套、子宫帽、宫颈帽等。隔膜法不会影响母乳喂养，但有一些缺点，如除非使用润滑的避孕套或润滑油，否则可能会在母乳喂养早期由于雌激素水平低造成的阴道干燥而引起不适。

（4）非激素宫内节育器。此方法通过改变母亲的激素状态来预防受精或植入受精卵，能够可靠地预防妊娠，且不影响母乳喂养，可以将节育器放置在女性子宫内且长期留存。

为了减少脱落或子宫穿孔的风险，应在产后2天至6周内放置节育器。

3. 节育手术

节育手术主要包括输精管切除术和输卵管结扎术，通过物理方法预防妊娠，应视为永久性的。输精管切除术的风险较低，且显然对母乳喂养没有影响。

若哺乳母亲进行输卵管结扎术，她将面临手术相关风险，如果产后进行手术，可能会因为增加身体不适而暂时中断母乳喂养。此外，手术的疼痛可能使母乳喂养不适。如果母亲打算产后输卵管结扎，则应避免使用配方奶，建议在分娩和手术之间安排足够的时间，并采用挤奶喂养弥补无法正常进行的母乳喂养。完全或部分子宫切除术不会影响母乳喂养或泌乳。

4. 激素类方法

由于担心对泌乳和婴儿的影响，激素类方法不是哺乳母亲避孕的首选。孕酮（一种合成形式的孕酮）和雌激素与母乳喂养相容，但是这些激素有少量会进入乳汁，如果在产后最初几个月使用，一般情况下婴儿无法代谢和排泄。

5. 紧急避孕药物

这一方法包含高剂量的孕激素。母乳喂养可以继续不间断，因为少量剂量不会给婴儿带来风险。

三、紧急情况下的母乳喂养

在紧急情况下，母乳喂养是婴儿健康和生存的关键。在战争、饥荒、干旱、地震、飓风或其他自然灾害中，配方奶喂养的风险会因条件恶劣而呈指数增长，婴儿甚至面临疾病和死亡风险。在卫生条件差、医疗资源减少等特殊情况下，泌乳顾问要支持母亲尽其所能去母乳喂养。

1. 促进成功母乳喂养的方法

正确的母乳喂养措施对所有母亲和婴儿都很重要，在紧急情况下，甚至可能关系到生死。建议所有母亲即使在紧急情况下，也要践行正确的母乳喂养方法。

（1）在分娩后一个小时内开始哺乳。

（2）婴儿出生后保持母婴肌肤接触，增加婴儿的生理稳定性。

（3）白天和夜间经常进行频繁、有效地母乳喂养。

（4）头6个月纯母乳喂养。

（5）在婴儿6个月大的时候添加适当的辅食。

（6）至少在头两年继续母乳喂养。

2. 重新泌乳

在紧急情况下，即使母亲是部分泌乳也可以通过为婴儿提供安全的乳汁来保护婴儿的生命。泌乳顾问鼓励之前断奶或从未母乳喂养的母亲进行再度泌乳或诱导泌乳，从而使母亲有乳汁来给婴儿提供营养和免疫保护。

（1）定义。重新泌乳是增加泌乳量的过程，可在母亲仍旧产奶时开始，也可在距离母亲最后一次妊娠多年之后开始。

（2）评估。询问产后母亲乳喂养出现了什么情况，造成这一问题出现的母乳喂养动力学可能依然存在，需要想办法解决。

（3）策略。如果婴儿接受乳房哺乳，指导母亲每天哺乳或挤奶10~12次，并且要利用大量的时间与婴儿保持身体接触。如果母亲身体健康，没有影响泌乳的身体疾病，几周之内母亲有可能实现充分泌乳。

第二节　婴儿在特殊情况下的母乳喂养

一、早产儿的母乳喂养

出生时胎龄小于37周被认为是早产儿，其中胎龄34~36周为晚期早产儿、32~33周为中期早产儿、28~31周为极早产儿、少于28周为超早产儿。

早产儿特别容易患坏死性小肠结肠炎和感染性疾病，面临低体温、黄疸、低血糖和呼吸窘迫等多种健康问题的风险也更大。因此母乳喂养对早产儿非常重要，应鼓励母乳喂养或母亲挤奶喂给早产儿。

1. 早产儿开始母乳喂养的时间

有些胎龄为28~34周的早产儿已有能力从母亲乳房中吸吮到母乳，只要让早产儿不断练习，渐渐也可以像足月儿那样在乳房上有效地吃奶。

2. 早产儿吸吮乳房和吸吮奶瓶的区别

早产儿吸吮乳房时比吸吮奶瓶更自如地运用吸吮、吞咽和呼吸。相比母乳喂养，在奶瓶喂养时早产儿血氧饱和度下降和心动过缓的发生率更高，对于早产儿来说可能会造成身体上的压力，并且可能使过渡到乳房喂养更为困难。而使用杯子喂养与母乳喂养时婴儿吮吸的肌肉动作是相似的。

3. 帮助母亲给早产儿母乳喂养

泌乳顾问可以建议母亲采用后躺式的母乳喂养姿势，即母亲身体完全放松，半斜躺在床上或沙发上，调整到舒适的位置，将婴儿抱在自己胸前，借着重力作用让婴儿趴着自主寻找乳头衔乳。这个哺乳姿势可以给早产儿提供良好的身体支撑，有助于早产儿很好地衔住乳房并有效吸乳。

如果母亲采用坐直的喂养姿势，如摇篮式哺乳，由于许多早产儿肌肉张力较低，需要更多的头部和身体支撑。哺乳时与母亲身体的亲密接触足以让婴儿觉得很温暖，只需要给婴儿戴上帽子，身上盖毯子。在哺乳期间，避免催促或打断母婴共处的氛围，如有必要，可给予一些帮助使婴儿深衔乳并让母亲更加舒适。

在母乳喂养前先让婴儿和母亲放松，并在开始时尽可能多地进行肌肤接触，感觉婴儿呼吸的变化，并留意他开始进行吮吸的一些动作。如果婴儿有呼吸、心跳和皮肤颜色异常，需要及时联系医务人员并在早期母乳喂养期间对婴儿进行监测。

4. 进行肌肤接触

母亲应尽早并尽可能多与婴儿进行肌肤接触，即使对于极早产儿来说也是如此。

肌肤接触可以增强母婴之间的互动，并帮助建立母乳喂养机制。与母亲分开会使新生儿产生生理应激反应。肌肤接触会降低生理上的不稳定和应激，促进健康生长。相比恒温箱，肌肤接触可以更有效地稳定早产儿情绪，如果早产儿低于27周胎龄或出生时体重小于1 000 g，早期频繁的肌肤接触可以延长母乳喂养的持续时间，提高纯母乳喂养的可能性。

若早产儿的状况非常不稳定，母亲近期做过手术、有大的伤口或引产，则需要经评估后才能进行肌肤接触。

5. 母乳喂养注意事项

（1）开始母乳喂养时，通常白天每隔1~2 h哺乳一次，没有时间限制。如非必要，不要让婴儿在两侧乳房吃奶，避免婴儿太累。

（2）在婴儿能够完全在乳房上吃奶之前，他可能需要喂食补充奶。优先考虑的是挤出的乳汁，母亲可以持续挤奶直至可以对婴儿进行乳房亲喂。

（3）喂食量应根据婴儿的需求和喂养模式来调整，以便婴儿在不断学习适应的同时保持体重正常增长。

（4）如果母亲不在身边，可使用乳头保护罩。如果婴儿不愿意吃奶、快速入睡或不肯摄入更多乳汁，在不影响母乳喂养持续时间的情况下，可以使用。通常来说，直到婴儿约40周"纠正胎龄"之前都可以使用。母亲继续挤奶，直到婴儿可以进行纯母乳喂养。

（5）婴儿从乳房摄取乳汁的迹象，包括吞咽声、婴儿嘴巴周围的乳汁。如果从喂食管喂奶，可以看到管中的乳汁流向婴儿的嘴和持续地吞咽。了解婴儿在乳房的实际摄入量可以防止过度补充，使用精确到2 g的婴儿体重秤给喂奶之前和之后的婴儿称重是早期评估婴儿吃够奶的方法，可以可靠地测量乳汁摄入量。

（6）初乳和成熟乳应按照它们所挤出的顺序喂养。配方奶不能与母乳混合在同一容器中喂养。

（7）为了减少细菌污染，母亲和家人应遵守以下卫生习惯。

1）接触吸奶器零件和容器前先洗手。

2）每次使用后，按照说明书清洗吸奶器零件和容器。

3）手指远离乳汁储存容器的内部。

4）如果母乳中加入了强化剂，应在24 h内食用。

（8）若婴儿的吸吮模式日渐变得更加成熟（有节奏的连续式吸吮和协调呼吸），就表明他已经成熟到足以调节吸吮–吞咽–呼吸节奏，并可以渐渐转向完全在乳房上吃奶。

6. 早产儿出院回家后的母乳喂养

母亲需要逐渐熟悉婴儿的睡眠–觉醒节律。白天继续频繁地哺乳，夜间也要保证一定的母乳喂养次数。

母亲还要继续与婴儿做肌肤接触，并要用舒服的哺乳姿势。哺乳后，母亲可以把婴儿放回他的床上或者放在身边。

7. 早产儿母亲的情绪和喷乳反射

早产儿的母亲在喂养过程中看着脆弱的婴儿可能引发焦虑、悲伤和其他复杂情绪，这些不良的情绪会影响大脑垂体的功能，进而影响乳房的喷乳反射。

大多数早产儿母亲需要挤奶，喷乳反射延迟可能会影响泌乳量。泌乳顾问应鼓励母亲多与婴儿肌肤接触或袋鼠护理，增加亲密感以帮助喷乳，减少抑郁症的发生率。同时，母亲也可以在母乳喂养之前用吸奶器或用手挤奶来刺激喷乳。泌乳顾问应帮助母亲充分了解接受母乳喂养的早产儿会更健康，使她更加积极地进行母乳喂养。

8. 晚期早产儿

（1）晚期早产儿的特点。晚期早产儿与足月儿不同，了解这些不同点对于正确指导母乳喂养很重要。

1）晚期早产儿的概念。晚期早产儿指妊娠 34~36 周出生的婴儿，早产儿中 75% 都是晚期早产儿。很多人并不了解晚期早产儿与足月儿有哪些差别，因此，帮助父母了解晚期早产儿特有的脆弱性有重要意义，可以让父母和照护者对晚期早产儿的期望更切合实际。

2）晚期早产儿与足月儿的差别。晚期早产儿与足月儿最重要的一个差别就是大脑成熟度。研究表明，34 周的早产儿大脑的发育程度只相当于足月儿的 60%，这种神经系统发育的不成熟增加了晚期早产儿出现呼吸窘迫、体温不稳定、低血糖、高胆红素血症及败血症的风险，大约 20% 的晚期早产儿被送入新生儿重症监护室。将晚期早产儿第一次洗澡时间推迟 24 h，并增加与母亲的肌肤接触时间可以减少早产儿并发症的发生。

在喂养方面，晚期早产儿的脑发育不成熟会导致他们过度嗜睡，饥饿信号少且不明显，吸吮功能也不成熟，使得晚期早产儿喂养不足的风险增加。因此，医院要为晚期早产儿制定出院标准，要定期监测早产儿的状态，在住院期间和出院后都为母亲提供母乳喂养方面的支持。

（2）晚期早产儿的母乳喂养策略。如何帮助晚期早产儿实现全母乳喂养是泌乳顾问需要重点掌握的内容。为晚期早产儿制定母乳喂养策略时，需考虑到早产儿有潜在的健康危险因素和喂养不足的可能。

1）晚期早产儿母乳喂养策略的基本要点

①产后通过直接肌肤接触来维持新生儿生理状态稳定并刺激频繁吸吮。

②24 h 母婴同室以保持哺乳频次。

③确保早产儿从出生开始可随时吃到母乳。

④帮助母亲找到舒适的喂奶姿势，实现婴儿深衔乳。

研究表明，对低体重婴儿进行生后早期肌肤接触（袋鼠式护理）可以降低败血症、低体温、低血糖、再次住院的发生率，且降低了36%的死亡率。

2）晚期早产儿母乳喂养的阶段。早产儿母乳喂养方式与健康的足月婴儿有所不同，成功的早产儿母乳喂养应是让早产儿每天摄入足够的奶量，实现持续生长。早产儿吸吮方式可能不同于足月儿，表现为短时吸吮、吸吮时屏气而在吸吮间歇期呼吸，但只要婴儿可以摄入足够的奶量，体重增长好，这些情况都无需过分在意。

晚期早产儿的母乳喂养可以分为7个阶段，见表10-1。

表10-1 晚期早产儿的母乳喂养7个阶段

母乳喂养阶段	婴儿的表现
第一阶段	管饲，肌肤接触并频繁挤奶
第二阶段	母乳喂养开始——婴儿寻乳、舔、张嘴
第三阶段	一次性吸吮、短的吸吮、长时间停顿、吃到一些奶
第四阶段	长时间更频繁吸吮，保持固定姿势更久，吃到更多奶，肠外营养或母乳强化剂的使用逐渐减少
第五阶段	摄乳量增加，偶尔吃得多
第六阶段	可摄入大量乳汁，但吸吮不连续，尚不能按需喂养
第七阶段	主动成熟地吸吮，吸吮时间长，可按需喂养

3）部分按需喂养。大部分早产儿即使无法自主规律吃奶，也会在第五阶段出院。这种情况下，母亲可采用"部分按需喂养"的方式来保证早产儿吃到足够的奶，直到他们的吸吮能力发育成熟。在第六阶段，早产儿能吃到大量的奶，但吸吮方式不成熟，因此不能单纯依赖早产儿的饥饿信号来喂奶。母亲应先用手指触摸早产儿的嘴唇，这时早产儿的眼睛睁开并表现出吃奶的兴趣，这就是饥饿的信号，只是早产儿自己没有意识到而已，此时需要立刻喂奶。在部分按需喂养过程中，建议母亲在白天每1~2h观察早产儿微妙的饥饿信号（类似快动眼睡眠期的眼球转动、吸吮的动作、肢体的动作以及发出一些声音），在夜间拉长间隔至3~4h，一直持续到早产儿达到矫正胎龄足月（40周）。

既往研究发现，让婴儿趴在母亲身上睡觉，婴儿可以像在宫内一样听到母亲的心跳，更有利于完成宫内到宫外的环境适应。如果将婴儿放在小床里，由于缺少天然的刺激，婴儿容易睡觉时间过长而错过吃奶时间；而趴在母亲身上，有母亲呼吸运动、气味和心跳的刺激，婴儿更容易按时醒来吃奶。

4）母乳摄入量的评估。既往采用的看到婴儿口角有母乳、听到咽奶声、母亲乳房感觉更轻来评估母乳摄入量并不准确。如果婴儿吸吮能力好，出生后早期规律测量体重是评估喂养比较好的方法，但对于吸吮能力欠佳的婴儿，在喂奶前后利用精度为 2 g 的秤称体重可以评估是否喂养充分。

如果称体重发现婴儿的摄乳量为零，母亲通常会很沮丧，这种情况下泌乳顾问应告诉母亲，母乳喂养的益处不仅在于营养丰富，还为母婴接触创造了亲密条件，即使婴儿没有吃到母乳，也有利于增进母婴感情。同时，母亲通过哺乳，可以学习处于不同阶段的早产儿的喂养方法，对孩子也会有更切实际的期望。

需要注意的是，如果婴儿出生时无法进行母乳喂养，母亲在产后 1 h 内就要开始挤奶，每天挤奶次数不少于 8 次，运用手加挤奶器技巧，从而维持母乳的正常分泌。

以下提供一个医院母乳喂养标志与说明，见表 10-2。

表 10-2　母乳喂养标志与说明

标志	详细说明
频繁吸吮	生后 1 h 内开奶，之后的 3～4 h 每小时吸吮母乳一次，每天喂奶次数不少于 8 次
把婴儿放在母亲胸前进行皮肤接触	给婴儿保温并更容易识别喂奶信号
观察眼动	可能是吃奶的信号
如果婴儿没有主动吸吮，母亲需要按摩乳房	婴儿停止吸吮时，按摩并挤压乳房
如果婴儿还是没有主动吸吮，可以把初乳挤到勺子里喂给婴儿	确保婴儿获得足够的营养，直到母乳喂养效率得到提高

二、拒绝乳房婴儿的母乳喂养

婴儿有可能在不同阶段拒绝在母亲的乳房上吃奶，这会给母亲带来压力。泌乳顾问需要在两个方面解决问题：给母亲提供鼓励及情绪支持，关注她的心理和意志；同时了解问题产生的原因，提出科学的解决方案。

在婴儿拒绝乳房吃奶期间，建议母亲使用其他喂哺工具喂养婴儿，同时指导母亲维持泌乳量的方法。

1. 让婴儿摄入足量母乳,再尝试哺乳

婴儿只有摄入了足量母乳,才能避免出现健康问题。泌乳顾问首先要确定婴儿是否需要补充母乳替代品,询问婴儿的年龄、体重,每天的尿布用量,每天进行多少次母乳喂养以及用哪一侧乳房喂养。

饥饿带来的应激可能会使婴儿变得虚弱,导致吸吮力不够强,影响婴儿吃奶的效果,因此在某些情况下,需要额外添加挤出的母乳或母乳替代品。婴儿拒绝在母亲乳房吃奶时,不能认为他饿够了便会要求吃奶,否则婴儿可能由于太饿了或哭太久了而无力吃奶,甚至会发生脱水。衡量婴儿是否需要补充母乳替代品的最可靠方法是监测体重是否合理增加,尿布用量可以作为体重之外的辅助参考。

(1)监测婴儿体重是否合理增加。这是衡量婴儿是否摄入足量母乳的可靠标准。泌乳顾问要根据世界卫生组织的婴儿生长标准曲线图,来判断婴儿的体重增长数和增长趋势是否在正常范围内(请参照第六章第三节)。如果婴儿体重增长欠佳,首选补充母亲挤出的母乳;如果婴儿需要配方奶,泌乳顾问应和母亲沟通喂奶的辅助工具,最大限度地保证母乳喂养,并建议母亲咨询医护人员补充何种配方奶。

世界卫生组织的婴儿体重增长标准(第 50 百分位)见表 10-3。如果一名女婴第一个月体重沿着生长标准曲线图的第 50 百分位曲线增长,但从第二个月开始,连续数天低于这条曲线,泌乳顾问这时就要在评估母亲和婴儿的母乳喂养情况后,看是否要通过改善哺乳方式来增加婴儿的母乳摄入量,还是需要边母乳喂养,边补充挤出的母乳或配方奶。

表 10-3 世界卫生组织的婴儿体重增长标准

第一年的体重增长量在第 50 百分位		
月龄	男婴(g)	女婴(g)
1 月	1 023	879
2 月	1 196	1 011
3 月	815	718
4 月	617	585
5 月	522	489
6 月	422	401

续表

第一年的体重增长量在第50百分位		
月龄	男婴（g）	女婴（g）
7月	357	344
8月	316	311
9月	285	273
10月	259	245
11月	243	233
12月	239	232

（2）确保婴儿有足够的大小便。尿布用量可以作为体重之外的辅助参考。在出生后第一周，出生后第4天前过渡到黄色大便就是一个摄入乳汁足够的指标。如果在出生后第4天，每天排便少于3次，母亲的乳汁尚未增加则提示需要进行体重检查。

在最初的6周左右，当乳汁摄入量足够时，大多数婴儿平均每天至少有4次排便，直径不小于一枚1元硬币大小。如果婴儿粪便较少但体重增加良好，也可说明婴儿摄入了足够的乳汁。婴儿6周大以后，判断婴儿是否摄入足量乳汁需要以体重增长作为可靠的衡量指标。

2. 尝试哺乳的同时，维持母亲的泌乳量

母亲每天至少应有8次有效挤奶，以建立泌乳量和母亲对母乳喂养的信心。需要挤出的奶量取决于婴儿的年龄、每天喂养的次数、乳房存储容量和婴儿的体重。不同月龄的婴儿平均每日所需的奶量见表10-4。

表10-4 不同月龄的婴儿平均每日所需的奶量

婴儿月龄	每次喂奶的平均奶量（mL）	每天平均摄入的总奶量（mL）
第1周 （出生第4天后）	30~60	300~600
2~3周	60~90	450~750
1~6个月	90~150	750~1 050

3. 婴儿拒绝乳房的原因

如果婴儿小于1岁，正处在对母乳有身体需求的年龄段，不会发生自然断奶。婴儿通常是因为某种因素不满意而拒绝在乳房吃奶。拒绝乳房的状况一般持续 2～4 天，也可能持续 10 天以上。婴儿拒绝乳房的常见原因见表 10-5。

表 10-5　婴儿拒绝乳房的常见原因

婴儿的原因	• 耳部感染、感冒或其他疾病 • 胃食管反流病，喂养时引起疼痛 • 超敏反应、不耐受或过敏 • 受伤、医疗过程或注射后的身体不适 • 由于出牙、鹅口疮、口腔溃疡或损伤引起的口腔疼痛
母亲的原因	• 乳头大小跟婴儿嘴巴配合的差异 • 奶量过多，乳汁流速过快或过慢可能会使婴儿烦躁 • 乳房过涨 • 哺乳姿势使婴儿紧张、烦躁 • 乳腺相关的医学原因，如乳腺炎、脓肿、积乳囊肿、乳腺癌。乳腺炎会改变乳汁的味道，使其变咸并减缓乳汁流动 • 母亲身上用的新产品（如止汗剂、护肤液、洗衣液等）使婴儿产生反应
环境原因	• 家人吵架、或家庭环境混乱 • 按严格的时间表进行母乳喂养或频繁地中断乳房吃奶 • 过度刺激导致婴儿长时间哭闹 • 日常生活节奏的重大变化 • 母亲与其他人争论或母乳喂养时大喊大叫 • 母亲和婴儿分开的时间过长

4. 协助母亲让婴儿接纳乳房

协助母亲让婴儿接纳乳房，有以下几方面的建议。

（1）如果婴儿抗拒一侧乳房，先从较不抗拒的那侧乳房开始喂养，并在喷乳反射后，在不改变身体姿势的情况下将婴儿滑到另一侧乳房进行喂养。

（2）若婴儿因乳汁流速太快而拒绝乳房，可以等喷乳反射慢下来再喂养。如果另一侧乳房乳汁流速相对比较慢，可先喂慢的一侧，等流速快的乳房的喷乳反射减缓再转过去喂。

（3）如果婴儿因乳汁流速太慢而拒绝乳房，可先刺激喷乳反射之后再喂，也可尝试使用乳旁加奶装置。

（4）尝试不同母乳喂养姿势，最好从后躺式姿势开始。

（5）哺乳时给予婴儿更多的帮助，如乳房塑形和乳房扶托。

（6）尝试在婴儿处于浅睡眠状态时哺乳，这时婴儿的抗拒较弱。

（7）尝试在微暗的房间里哺乳。

(8）尝试在步行或摇晃时哺乳，可以分散婴儿的注意力。

5. 使用临时过渡的喂哺工具

泌乳顾问可以指导母亲暂时给婴儿使用一些辅助的哺喂工具，包括勺子、杯子、乳旁加奶装置、奶瓶等，依母亲的需要和婴儿的配合度选择。需要注意的是，若奶瓶使用不当，会减弱婴儿想要回到乳房吃奶的欲望。如果婴儿年龄大于 6～8 个月，杯子喂养是最好的选择。

三、手足哺乳

手足哺乳指母亲同时哺乳自己不同年龄的两个婴儿，即给小婴儿哺乳的同时也给大婴儿哺乳，这有助于增进手足之情。

1. 产后初期

在产后最初几天，建议优先给新生儿哺乳。如果大婴儿只是偶尔母乳喂养，母亲不需要做任何特别的事情。如果母亲担心大婴儿吃奶太多，可以让家人协助分散他的注意力。由于初乳和过渡乳有轻泻作用，大婴儿吃奶较多，可能会导致其大便更稀，排便更频繁。这种情况一般在产后 2 周内好转。

手足哺乳有助于最大限度地缓解母亲乳房肿胀并确保充足的泌乳量。泌乳顾问应建议母亲保持良好的饮食，摄入足够的水分，并在同时哺乳期间得到充分休息。

2. 哺乳稳定后

有些母亲喜欢同时为两个婴儿哺乳，有些母亲则喜欢分开哺乳；有些母亲觉得在两个婴儿想吃奶的时候进行哺乳是最舒服的，有些母亲则更喜欢通过设定次数和地点来限制较大婴儿的母乳喂养。

实现手足哺乳需要依靠家人的帮助，利用婴儿背带等工具也可更容易满足两个婴儿的需要。如果母亲对同时哺乳感到无所适从或不适，泌乳顾问需要鼓励她寻找循序渐进的积极方式给大婴儿离乳。

母亲离家外出时，同时哺乳可能具有挑战性。母亲可以在离家前对两个婴儿哺乳，并且在外出期间为大婴儿提供辅食和饮料，以减少其对母乳喂养的需求。

四、双胞胎及多胞胎母乳喂养

虽然母亲为双胞胎或多胞胎哺乳会面临更多的挑战，但在泌乳顾问的指导下，尽可能多地进行母乳喂养是可以实现的。

1. 提前准备

许多双胞胎或多胞胎都是早产，所以建议母亲在妊娠期就做好相应准备。

（1）参加早期母乳喂养课程。

（2）了解挤奶事宜。

（3）了解肌肤接触的好处和方法。

（4）为在产后尽快开始母乳喂养制订好计划。

（5）至少在产后第一个月（最好为前3个月）安排人员为自己提供帮助。

产后初期出现母婴分离的情况比较常见，母亲需要挤奶为母乳喂养建立良好的开端。在泌乳量建立之后，建议将每个婴儿每天摄入的乳汁量目标定为750 mL。

2. 婴儿间的差异

对于双胞胎或多胞胎，尽管他们出生时间基本一致，但每一个婴儿都是独特的个体，他们的性别、出生体重和各方面的生理状态都可能不相同，如一个婴儿比另一个婴儿更成熟，能更有效地吸吮，或者两个婴儿出院时间不同。在两个婴儿存在差异时，可尝试同时哺乳，吸吮能力较好的婴儿可以帮助触发喷乳反射，使吸吮力较差的婴儿得到更多乳汁；让婴儿轮流吃不同侧的乳房，还可以让乳房得到更好的刺激。哺乳期间，母亲应注意不同婴儿的体重增长，以便随时调整喂养策略。

第三节　母乳库和母乳共享

一、母乳库简述

在中国每年出生的婴儿中有十分之一是早产儿。早产儿的肠道发育尚未成熟，容易患新生儿坏死性小肠结肠炎等疾病。母亲的乳汁最有利于婴儿的健康，在某种程度上，母乳对婴儿来讲不仅是一种食物，更是一种治疗的药物。如果早产儿的母亲泌乳量不足，就可能要用到母乳库的母乳。

母乳库已经有一百多年的历史。世界第一所母乳库于1909年在奥地利维也纳建立，中国母乳库最早于2013年在广州建立。

母乳库收集免费捐赠的母乳,经过巴氏消毒,用于喂养早产儿、重症婴儿以及消化吸收不良或免疫功能不全等婴儿。有些母乳库属于科研型母乳库,用于研究,有些母乳库用于医院 NICU 早产儿的救助,有医嘱方可使用。

二、母乳库母乳的收集、筛检和处理

世界卫生组织和联合国儿童基金会 1980 年发出联合声明:母亲不能母乳喂养婴儿时,第一个替代方法是使用其他来源的母乳;2003 年在《全球婴儿和儿童喂养策略》的联合声明中表示母亲不能母乳喂养时,母乳库的乳汁是第二选择,第三选择是婴儿配方奶粉。

1. 母乳的收集、储存和运送

母乳库通常收集无偿捐赠的母乳。乳汁捐赠者必须是健康的哺乳期女性,捐赠的原因大部分是由于乳汁过多;也有小部分来自失去婴儿的女性,她们捐赠母乳的目的是希望挽救其他婴儿的生命,从悲痛中疗愈。

母乳捐赠者应当符合以下要求。

(1)年满 18 岁及以上。

(2)身体健康、无妊娠合并症且乳汁充足(乳汁充足标准为一次吸乳量达 150 mL 及以上)。

(3)良好的生活习惯:不抽烟、不饮酒、不喝茶、不吸毒、生活规律。

(4)无长期的药物治疗史及近半年来无血制品输注史。

(5)血清学检测合格:HIV、TP、乙肝、丙肝和巨细胞病毒等血清学检测阴性。

当捐赠者有下列状况时,需暂停捐赠母乳。

(1)有急性的传染性疾病,如乳腺炎或乳头霉菌感染。

(2)家庭成员中有在四周内患风疹的。

(3)哺乳期女性本身在四周内有接受活性疫苗,如口服脊髓灰质炎疫苗或注射麻疹、德国麻疹、腮腺炎疫苗。

(4)喝酒后 12 h 内。

(5)疱疹病毒或水痘感染。

捐赠前,母乳库的指导人员应向母亲解释如何收集、储存及运送母乳,以减少收集过程中的污染。

2. 母乳的筛检和处理

母乳库的操作员和指导人员需要接受专业培训。送到母乳库的母乳需取部分样本做筛检，发现含有致命病菌或者细菌过量应即时丢弃。筛检后的母乳需要经过巴斯德消毒法处理，即在 64 ℃的水温下消毒 30 min，消灭所有有害病毒和细菌后再次检测合格方可分批储存。

3. 母乳的成本

虽然捐赠母乳一般是免费的，使用者及使用如何付费，不同的国家有不同的做法。管理和监控母乳库的人力、工具成本很高，必须有一部分靠募捐来筹集经费。

三、哺乳女性间的母乳共享

1. 奶妈喂养

据文献记载，母乳共享可追溯到公元前 1800 年巴比伦时代。一些失去母亲的婴儿由其他正在哺乳的亲友喂哺。旧日的贵族和富人有聘用奶妈喂养婴儿的习惯。13 世纪在欧洲常见一个奶妈同时喂养 6 个婴儿。20 世纪配方奶被发明后，奶妈喂养被配方奶取代。由于存在交叉感染及相关法律的风险，目前奶妈喂养已越来越少。

2. 哺乳女性间的母乳共享

哺乳女性间的母乳共享是指哺乳母亲之间分享母乳的行为。

随着母乳喂养的普及，很多了解使用母乳替代品对婴儿有风险的父母希望婴儿得到最佳健康而选择使用人乳。由于母乳库的乳汁长期供不应求，一些父母在亲友之间寻找母乳共享的方法。哺乳女性间母乳共享日渐流行，全球很多国家出现了网络交流分享母乳，包括有偿和无偿的分享。

然而，哺乳女性间共享母乳存在着很大的风险。

（1）病毒和细菌。母乳可能含有艾滋病、I/II 型人类 T 细胞白血病和巨细胞病毒类病毒，不采取消毒措施则无法杀死病毒和细菌。

（2）药物或补品。母乳中可能含有母亲所服用但对婴儿有害的药物和补品，可转移给婴儿。尽管大多数药物对于母乳喂养的母亲和婴儿都是安全的，但有些药物即使少量也可能有害。

（3）污染。母乳在收集和储存过程中可能被污染。收集的母乳可能混入牛奶等，这很可能是故意恶作剧或是为得到更多的金钱。

3. 泌乳顾问在母乳共享中的角色

母亲有权为婴儿决定使用何种喂养方式。泌乳顾问可以先了解母亲需要额外乳汁的原因，提醒她们在使用非母乳库的乳汁前应咨询医生的意见。

泌乳顾问与母亲讨论使用他人的母乳时，要注意以下内容。

（1）泌乳顾问应本着公正、客观的原则，站在伦理的角度跟母亲讨论可行性。

（2）泌乳顾问应首先可跟母亲讨论再度泌乳或诱导泌乳的可行性。

（3）泌乳顾问应介绍不同喂养方式的优缺点。

（4）母亲需要明确喂养身体脆弱的早产儿和喂养健康且足月的婴儿的风险有差别。

（5）应了解乳汁的来源，确保收集和储存过程的安全。

第十一章
常见泌乳问题辅助手法与评估

第一节 常见泌乳问题辅助手法

每个母乳喂养案例和处境是独一无二的,这就要求泌乳顾问能够全面掌握解决问题的各方面的能力,如母婴的综合评估、哺乳母亲的心理疏导、哺乳姿势的调整、喂养辅助工具的使用方法、促进泌乳和解决乳房问题的手法、中医穴位按摩技术等,并根据不同的情况组合使用各种技术,确保咨询与专业服务取到良好的效果。手法作为泌乳顾问工作中处理哺乳期乳房及泌乳问题的辅助技术,需要经过学习及大量练习,熟能生巧,方能得心应手。

一、淋巴引流手法

淋巴引流手法是基于对乳房生理淋巴系统的科学认识上实施的,需要了解哺乳期乳房淋巴系统的生理特点。乳房分布着丰富的淋巴管、血管、乳腺导管、神经,对乳腺起到营养及维持新陈代谢作用。乳腺淋巴管向内侧汇入内乳淋巴结,向外侧和上部引流至腋淋巴结和锁骨上淋巴结。

女性产后早期,更多的血液流向乳房,静脉回流受阻,淋巴液滞留,回流不畅。如果婴儿没有及时频繁吸吮,淋巴液会积聚并引起肿胀,导致乳房水肿,母亲感觉乳房沉重、酸痛或疼痛,皮肤紧绷,乳汁移出存在困难。

淋巴引流手法的目的是加速淋巴液的流动,帮助其通过腋下淋巴结排出,同时对机体组织具有舒缓作用，减轻乳房胀痛，有利于乳汁移出及婴儿的吸吮。

1. 淋巴引流手法操作的基本原则

淋巴引流是一种温和的淋巴系统按摩方式，有助于将淋巴液从肿胀区域排出。

2. 淋巴引流手法的特点

力度应非常轻柔，具有明确的方法、力度、方向性。手法提供一个温和的、持久的按摩，压力一定要适度。手法具有非常舒服、缓和的特点。

3. 手法禁忌

手法不可过重，不得乱柔、乱推或者逆着淋巴的流向，否则会导致淋巴管痉挛，引起淋巴管损伤。

4. 淋巴引流手法的操作步骤

（1）乳房上部向上按摩至锁骨的位置，然后由锁骨淋巴按摩至腋下。

（2）乳房内侧部向内进行按摩，淋巴引流至胸骨旁淋巴结，内侧部的浅层淋巴管与对侧乳房淋巴管交通。

（3）乳房内下部向下按摩，淋巴管与肝的淋巴管交通。

（4）乳房基底部到外侧，顺着乳房由内向外打圈，向腋窝推淋巴。

（5）每个部位的引流手法重复5~7次，根据淋巴的肿胀情况可以循环进行。直到乳房皮肤柔软，乳汁能轻松流出。

二、反式按压手法

反式按压手法是一种软化乳晕的方法，需要对母亲的乳晕施加压力，使母亲能够轻松给婴儿哺乳且易于排出乳汁。

1. 反式按压手法的适用情况

正常乳晕和内部的深层组织应该像耳垂或嘴唇一样柔软并容易挤压，但是哺乳母亲经常会遇到乳晕水肿，有皮肤紧绷感、疼痛感的情况。过于坚挺的乳晕会导致母乳喂养或挤奶存在困难，影响婴儿正常衔乳，手挤奶、吸奶器都无法正常将乳汁移出。遇到以上情况时，泌乳顾问可以指导母亲在每次婴儿想要吃奶之前尝试反式按压手法，以此来软化乳晕，持续1周或更长时间，直到肿胀减轻，婴儿衔乳深入而轻松，乳汁流动正常。若吸奶器无法正常吸出乳汁，也可使用反式按压手法来触发喷乳反射。使用吸奶器时吸奶时间不宜太长，如有必要，可以暂停吸奶重新软化乳晕，避免长时间抽吸，使得残留的多余组织液进入乳晕和乳头。

2. 反式按压手法的作用原理

哺乳母亲早期乳房肿胀、坚挺或涨满的原因可能只有一部分是由乳汁引起的，其他原因包括：由于多余的组织液储存在乳腺内乳导管周围的海绵状保护性组织中，乳汁排出延迟经常导致组织液滞留；静脉注射药物往往会导致多余的组织液滞留，有时需要7～14天才会消退。反式按压手法将物理压力作用于乳晕区域，轻轻地加压按摩有助于将淋巴液、组织液从肿胀的乳晕区域排出，能够有效地促进乳汁排出，减轻乳房胀痛，短暂消退乳晕下方的肿胀，使乳晕变得柔软。当乳晕变得柔软后，婴儿就可以更深入地衔住乳房，母亲在挤奶过程中也更容易挤出乳汁。

3. 反式按压手法的步骤

乳房非常肿胀的母亲可以采用平躺仰卧位进行反式按压。

（1）双手固定乳房，然后用两拇指或食指平行沿乳头两侧乳晕轻轻按压1 min，慢慢地向乳晕两侧方向推压，手指在乳晕周围轻柔缓慢按摩，切忌压力过大。

（2）每个部位以轻柔的力量轻抚50次左右，按摩至乳晕皮肤呈柔软状态，力道以不牵动皮肤为原则。压力应该稳定而坚决，但要尽量温和，以免造成疼痛。向内朝胸壁施加压力，慢慢计数至50次，如果乳房非常肿胀，计数可以慢一些。这一措施可以让乳晕轻松改变形状，软化的乳晕可以促进乳头伸展，从而更深入婴儿的口腔，使衔乳更容易。

（3）反式按压手法后，可以轻轻按摩乳头以刺激喷乳反射。若使用吸奶器，在短时间内应使用慢速温和的模式来排出乳汁。

4. 反式按压的各种手法

泌乳顾问在掌握了反式按压手法作用原理的基础上，可以根据哺乳母亲的习惯采用以下几种手法之一给母亲示范、指导。需要注意，无论用哪种手法进行乳晕反式按压，都不应造成乳房不适或者疼痛，手法应始终是非常温和的。

（1）反式按压法手法一。单手"花式捏压"（见图11-1）：手指甲要剪短，指尖弯曲，放在乳晕边缘。

（2）反式按压法手法二。双手同时按压法（见图11-2）：手指甲要剪短，指尖弯曲，两只手各抚触乳头的一侧，双手手指在乳晕的周边同时进行按压。

（3）反式按压法手法三。可以请人协助，把手指或拇指放在母亲的手指上方来帮助母亲对乳晕进行按压，如图11-3所示。

（4）反式按压法手法四。两侧各使用2根或3根伸直的手指，第一指节贴近乳头，转动1/4圈，在乳头上下重复相同动作，如图11-4所示。

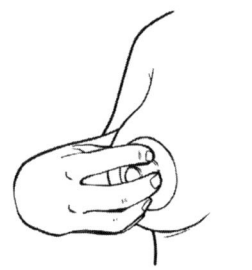

图11-1　单手"花式捏压"

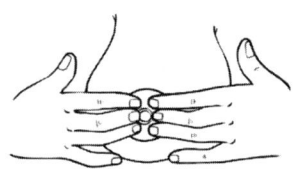

图11-2　双手同时按压法

图11-3　请人协助按压

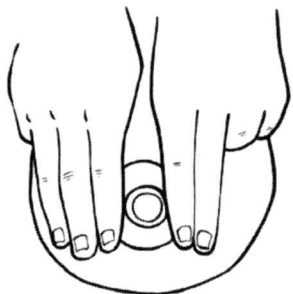

图11-4　反式按压法手法四

（5）反式按压法手法五。两侧各使用拇指，同时进行按压。然后转动1/4圈，在乳头上下重复相同动作，如图11-5所示。

（6）反式按压法手法六。环绕软化法（见图11-6）：切下一个人造乳头的下半部分，放在乳晕上，用手指按压。

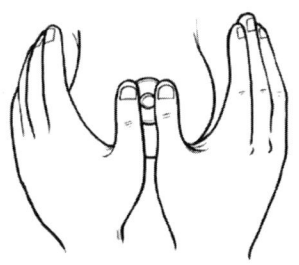

图11-5　反式按压法手法五

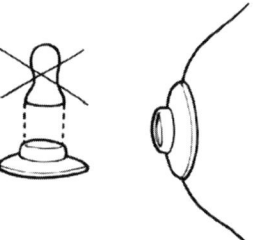

图11-6　环绕软化法

5. 注意事项

（1）泌乳顾问在使用反式按压法前需要对哺乳母亲乳房问题的成因进行仔细评估。

（2）本方法通常适应于母亲产后最初的几周，遇到疼痛、肿胀或涨奶等问题，可软化坚实的乳晕，解决衔乳问题或使乳房肿胀消退。

（3）该手法不可用于乳腺炎、乳导管阻塞或脓肿的母亲。

（4）操作手法之前需要修剪指甲，清洗双手。

第二节 泌乳问题辅助手法评估

顺利的母乳喂养过程中母婴配合比较好，很多常见的哺乳问题都可以在婴儿频繁有效的吸吮中解决，但是也存在一些哺乳的问题需要借助辅助手法来高效解决。泌乳顾问需要根据母婴的实际情况进行综合分析与判断，评估辅助手法能发挥的作用及效果。

一、辅助手法适用的情况

（1）乳腺管堵塞或乳汁淤积时，用手法排出乳汁。

（2）婴儿不能深入衔乳，无法有效移出乳汁。例如低体重儿不能吸吮时，有病患儿吸吮力量不足时，婴儿拒绝吸吮时，婴儿有先天性口腔畸形、唇腭裂、舌系带、高腭弓以及跟吸吮有关神经问题、发育等问题无法吸吮时，婴儿从奶瓶喂养过渡到亲喂时，开始练习吸吮凹陷的乳头时。

（3）母亲生病、工作或外出需保持泌乳，但无法有效手挤奶或使用吸奶器吸出乳汁。

（4）乳头疼痛、乳晕水肿，母亲拒绝给婴儿哺乳。

（5）由于乳汁淤积导致的急性乳腺炎早期，需要用辅助手法进行有效排乳。

（6）诱导泌乳和再度泌乳期间。

（7）母亲因对乳房刺激不够导致泌乳少，无法满足婴儿的需要。

（8）母亲对母乳喂养信心不足，需要通过辅助手法增加泌乳，建立信心。

（9）由于精神紧张、忧虑等不良情绪导致母亲身心疲惫，泌乳减少。

二、辅助手法不适用的情况

（1）母亲有全身性疾病，如心脏病、神经系统疾病、严重的产后抑郁等。

（2）由于病理学原因导致泌乳减少，如严重贫血。

（3）积乳囊肿。

（4）外伤导致的乳房损伤引发的肿块。

（5）母亲乳房被反复暴力按摩之后严重水肿损伤。

（6）由于细菌感染导致乳腺炎，伴有高烧、寒战，乳房肿痛明显，局部皮肤红肿，有硬结、压痛，患侧腋下淋巴结肿大。

（7）非哺乳期乳房问题，如乳头溢液、乳腺增生、乳房不明原因的肿块与疼痛。

（8）乳房有开放性伤口。

三、预防乳房损伤的措施

使用辅助手法解决哺乳期乳房问题必须本着安全、有效的原则。为了避免给母亲带来伤害，加重乳房的损伤，泌乳顾问应采用以下预防乳房损伤的措施，避免过度夸大手法的适用范围与效果，对于没有把握的乳房问题建议及时咨询医生。

（1）参加正规、专业的培训，系统学习哺乳期乳房生理结构与泌乳机能，扎实掌握与手法相关的中医、西医理论基础知识。

（2）能对哺乳期常见乳房肿块的性质、发生原因进行科学分析、鉴别，初步确定是否可以使用辅助手法。

（3）对于不明确的乳房问题，建议母亲去正规医院就诊，借助乳腺超声影像学诊断方法鉴别乳汁淤积、乳腺炎、积乳囊肿与其他乳腺肿块。

（4）仔细收集母婴双方的健康问题资料，评估导致母乳喂养问题的主要原因。

（5）使用辅助手法之前与母亲及家人进行良好沟通，说明手法有可能达到的效果，每侧乳房每次按摩时间以 20～30 min 为宜，单次时间不要过长。按摩后应叮嘱母亲频繁进行哺乳，多休息多喝水，饮食以清淡易消化为主，保持情绪的愉快稳定。

（6）认识到哺乳期乳腺的特殊性，手法必须做到轻柔、无痛、有效，避免非专业、长时间、大力地按摩。手法过于用力不仅会加重母亲的疼痛,还会破坏乳腺组织,继发脓肿。

(7)在进行手法按摩过程中,需要及时观察母亲的变化,询问她的感受。母亲反馈的任何疼痛信息,都应该得到足够的重视,泌乳顾问应该立即停止,重新评估与调整。

(8)善于观察和辨别乳汁不畅或乳腺管阻塞问题,在处理过程中观察效果,若发现新的情况,及时进行调整。

(9)辅助手法处理后需要保持密切的沟通,若乳房症状在 24 h 内没有缓解,则指导母亲赶快就医。

(10)泌乳顾问需要时刻保持谨慎的态度,不断更新专业知识。通过大量的实践练习不断精进手法的实操技能,在实践过程中总结经验,练就出柔和、舒适、高效的手法。

第十二章 促进泌乳的中医技术方法

第一节 中医学相关知识

中医历史悠久，博大精深，对女性经、带、产、孕、育等各个阶段的生理病理特点有全面系统的理论研究，并总结出相应的治疗方法。泌乳顾问作为母乳喂养支持人员，了解并掌握一定的中医学相关知识，运用中医思路和技巧来解决哺乳母亲日常遇到的哺乳问题，往往能起到事半功倍的效果。

一、中医学基础知识

中医学认为正常乳房的生长、发育和分泌乳汁的功能都和脏腑、经络、气血等生理功能密切相关。泌乳顾问在应用中医知识解决常见哺乳期乳房问题时，需要系统学习并掌握中医基础理论。教材中只简单介绍中医学的阴阳五行学说、脏腑学说、气血津液学说。

1. 中医基础理论

中医基础理论在整个中医学科中占有极其重要的地位，是中医按摩、中医食疗的理论基础。

（1）整体认识

1）人是一个有机整体。就形体结构而言，任何局部都是整体的一个组成部分，与整体在形成结构上有着密切关联。乳房属于局部器官，但通过十二经脉和奇经八脉的纵横联系，与内在脏腑形成一个有机的整体，并通过精、气、血、津液的作用来完成其功能活动。这种整体认识和现代医学的理念是相符合的。

就基本物质而言，组成各脏腑器官并维持其机能活动的物质是统一的，即精、气、血、津、液，这些物质共同完成机体的机能活动。

就机能活动而言，各种不同机能活动之间有密切的联系，互根互用，协调制约，相互影响。

2）人与自然界的统一性。人和自然是人的生活世界中两个最基本的组成部分，二者是内在的和动态的。人的诞生是自然界长期进化的结果，人首先具有的就是自然属性，受自然规律支配。人是自然界的一部分，人与自然存在着共生关系。自然界是人类生命的源泉。天食人以五气，地食人以五味。人与天地相参，与日月相应，春生、夏长、秋收、冬藏。泌乳顾问在指导母亲饮食时需要因时制宜、因地制宜，充分考虑到自然环境对母亲饮食起居的影响。

（2）辨证论治。辨证论治包括辨证和论治两个过程，是中医认识疾病和治疗疾病的基本原则，是中医学对疾病的一种特殊的研究和处理方式。

1）辨证。辨证是将四诊（望、闻、问、切）所收集的有关疾病的病史、症状和体征，在中医理论指导下，通过分析、综合，去粗取精，去伪存真，辨清疾病的原因、性质、部位、发展阶段及邪正之间的关系等，最后概括、判断为某种性质的"证候"。泌乳顾问在工作中可以将中医的辨证理论用于收集母婴健康的资料。例如，对于产后泌乳量少的情况，应通过系统收集资料、观察哺乳过程、询问母亲的感受等多方面收集信息，辨清泌乳量少的原因。

2）论治。论治即"施治"，根据辨证的结果，选择和确定相应治疗原则和治疗方法的过程，也就是研究和实施治疗的过程。

泌乳顾问在分析产生哺乳问题的原因后，可以和哺乳母亲一起协商解决方案，如应用中医的相关穴位、手法进行调理泌乳。

2. 阴阳五行学说

阴阳五行学说认为物质世界是在阴阳二气作用的推动下孳生、发展和变化；认为木、火、土、金、水五种最基本的物质是构成世界不可缺少的元素，这五种物质相互滋生、相互制约，处于不断的运动变化之中。

（1）阴阳学说。阴阳学说是古人用以认识和解释自然的宇宙观和方法论，是我国古代的唯物论和辩证法。阴阳学说被引入到中医学中，成为中医学理论体系的重要内容，对中医学的发展有着深刻的影响。

凡是光明的、温暖的、向上的、好动的、主动的、轻的、在外的、明朗的、兴奋的、具有温煦作用的都为阳，具有这些特征的事物或现象都属阳性；凡是黑暗的、寒冷的、向下的、喜静的、被动的、接受的、重的、在内的、晦暗的、抑制的、具有滋润作用的都为阴，具有这些特征的事物或现象都属阴性。

在中医学中，阴阳是自然界的根本规律，体现了事物内在本质属性和性态特征，既标示两种对立的特定属性，如明与暗、表与里、寒与热等，又标示两种对立的特定运动趋向或状态，如动与静、上与下、内与外等。阴阳学说在中医中有以下应用。

1）说明人体的组织结构。阴阳学说对人体的部位、脏腑、经络、形气等的阴阳属性，都作了具体划分。就人体部位而言，人体的上半身为阳，下半身为阴；体表为阳，体内为阴；体表的背部为阳，腹部为阴；四肢外侧为阳，内侧为阴。中医认为乳房在人体的上半身，但通过经络与人体的下半身的很多穴位有密切联系。

按脏腑功能特点而言，心肺脾肝肾五脏为阴，胆胃大肠小肠膀胱三焦六腑为阳。五脏之中，心肺为阳，肝脾肾为阴；心肺之中，心为阳，肺为阴；肝脾肾之间，肝为阳，脾肾为阴。而且每一脏之中又有阴阳之分，如心有心阴、心阳，肾有肾阴、肾阳，胃有胃阴、胃阳等。

在经络之中也分阴阳。经属阴，络属阳，而经之中有阴经与阳经，络之中又有阴络与阳络。就十二经脉而言，就有手三阳经与手三阴经之分、足三阳经与足三阴经之别。在血与气之间，血为阴，气为阳。在气之中，营气在内为阴，卫气在外为阳。

2）说明人体的生理功能。一是说明物质与功能之间的关系。人体生理活动的基本规律可概括为阴精（物质）与阳气（功能）的矛盾运动，营养物质（阴）是产生功能活动（阳）的物质基础，而功能活动又是营养物质所产生的机能表现。人体的生理活动（阳）是以物质（阴）为基础的，没有阴精就无以化生阳气，而生理活动的结果又不断地化生阴精，没有物质不能产生功能，没有功能也不能化生物质。这样，物质与功能、阴与阳共处于相互对立、依存、消长和转化的统一体中，维持着物质与功能、阴与阳的相对动态平衡，保证了生命活动的正常进行。

二是说明生命活动的基本形式。气化活动是生命运动的内在形式，是生命存在的基本特征；升降出入是气化活动的基本形式，阳主升，阴主降。阴阳之中复有阴阳，所以阳虽主升，但阳中之阴则降；阴虽主降，但阴中之阳又上升。阳升阴降是阴阳固有的性质，阳降阴升则是阴阳交合运动的变化。人体阴精与阳气的矛盾运动过程，就是气化活动的过程，也是阴阳的升降出入过程。

阴与阳相互对立又相互依存，处于一个有利于生命活动的相对平衡的协调状态。如果阴阳不能相互为用而分离，阴精与阳气的矛盾运动消失，升降出入停止，人的生命活动也就终结了。

3）说明人体的病理变化。人体与外界环境的统一和机体内在环境的平衡协调，是人体赖以生存的基础。机体阴阳平衡是健康的标志，平衡的破坏意味着疾病的发生。因此，阴阳失调是疾病发生的基础。

阴阳学说在病理学上的应用可以用来分析邪气和正气的阴阳属性，分析病理变化的基本规律等。

4）用于指导疾病的诊断。阴阳学说用于诊断学中，旨在分析通过四诊而收集来的临床资料和辨别证候。所以辨别阴证、阳证是诊断的基本原则，在临床上具有重要的意义。

阴阳是分析四诊资料之目，如色泽鲜明者属阳，晦暗者属阴；语声高亢洪亮者属阳，低微无力者属阴；呼吸有力、声高气粗者属阳，呼吸微弱、声低气怯者属阴。

阴阳是辨别证候的总纲，如八纲辨证中，表证、热证、实证属阳；里证、寒证、虚证属阴。在临床辨证中，只有分清阴阳，才能抓住疾病的本质，做到执简驭繁。

5）用于指导疾病的防治。阴阳学说认为，人体的阴阳变化与自然界四时阴阳变化协调一致，就可以延年益寿。因而主张顺应自然，春夏养阳，秋冬养阴，精神内守，饮食有节，起居有常，借以保持机体内部以及机体内外界环境之间的阴阳平衡，达到增进健康、预防疾病的目的。

（2）五行学说。五行是中国上古原始的科学思想。"五"是木、火、土、金、水五种物质；"行"是四通八达，是运动变化、运行不息。中医学的五行概念，旨在说明人体结构的各个部分以及人体与外界环境是一个有机整体，属医学科学中的哲学概念。

中医学认为阴阳是宇宙的总规律，阴变阳合而生五行。五行的运动也必然受阴阳的制约。五行中木火属阳，金水土属阴，而五行中每一行又各具阴阳。

1）医学上所说的五行，不是指木、火、土、金、水这五种具体物质本身，而是五种物质不同属性的抽象概括。五行的特性如下。

①木曰曲直。曲直，即能曲能伸之意。木具有生长、能屈、能伸、生发的特性，代表生发力量的性能，标示宇宙万物具有生生不已的功能。凡具有这类特性的事物或现象，都可归属于"木"。

②火曰炎上。火具有发热、温暖、向上的特性，代表生发力量的升华，光辉而热力的性能。凡具有温热、升腾、茂盛性能的事物或现象，均可归属于"火"。

③土曰稼穑。春种为稼，秋收为穑，指农作物的播种和收获。土具有载物、生化的特性，故称土载四行，为万物之母，具生生之意，为世界万物和人类生存之本。凡具有生化、承载、受纳性能的事物或现象，皆归属于"土"。

④金曰从革。金具有能柔能刚、变革、肃杀的特性，代表固体的性能，凡物生长之后，必会达到凝固状态，用金以示其坚固性，引申为肃杀、潜能、收敛、清洁之意。凡具有这类性能的事物或现象，均可归属于"金"。

⑤水曰润下。水代表冻结含藏之意，凡具有寒凉、滋润、就下、闭藏性能的事物或现象都可归属于"水"。

2）事物属性的五行分类。五行学说根据五行特性，与自然界的各种事物或现象相模拟，运用归类和推演等方法，将其最终分成五大类，见表12-1。

表12-1 五行属性归类表

自然界							五行	人体					
五音	五味	五色	五化	五气	五方	五季		五脏	六腑	五官	形体	情志	五声	变动
角	酸	青	生	风	东	春	木	肝	胆	目	筋	怒	呼	握
徵	苦	赤	长	暑	南	夏	火	心	小肠	舌	脉	喜	笑	忧
宫	甘	黄	化	湿	中	长夏	土	脾	胃	口	肉	思	歌	哕
商	辛	白	收	燥	西	秋	金	肺	大肠	鼻	皮	悲	哭	咳
羽	咸	黑	藏	寒	北	冬	水	肾	膀胱	耳	骨	恐	呻	栗

3）五行的调节机制。五行的相生、相克、制化规律是五行结构系统在正常情况下的自动调节机制。

①相生规律。相生即递相资生、助长、促进之意。五行之间互相滋生和促进的关系称作五行相生。五行相生的次序是：木生火、火生土、土生金、金生水、水生木。

②相克规律。相克即相互制约、克制、抑制之意。五行之间相互制约的关系称作五行相克。五行相克的次序是：木克土、土克水、水克火、火克金、金克木。

③制化规律。五行中的制化关系，是五行生克关系的结合。相生与相克是不可分割的两个方面。没有生，就没有事物的发生和成长；没有克，就不能维持正常协调关系下的变化与发展。制化规律是：木克土、土生金、金克木；火克金、金生水、水克火；土克水、水生木、木克土；金克木、木生火、火克金；水克火、火生土、土克水，如图12-1所示。

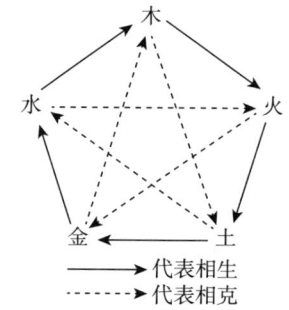

图 12-1 五行生克示意图

4）五行学说在中医学中的应用。中医学在五行配五脏的基础上，又以模拟的方法，根据脏腑组织的性能、特点，将人体的组织结构分属于五行，以五脏（肝、心、脾、肺、肾）为中心，以六腑（胃、小肠、大肠、膀胱、胆、三焦）为配合，支配五体（筋、脉、肉、皮毛、骨），开窍于五官（目、舌、口、鼻、耳），外荣于体表组织（爪、面、唇、毛、发）等，形成了以五脏为中心的脏腑组织的结构系统，从而为脏象学说奠定了理论基础。

五行学说将人体的内脏分别归属于五行，并以五行的特性来说明五脏的部分生理功能。如：木性可曲可直，条顺畅达，有生发的特性，肝属木，故肝喜条达而恶抑郁，有疏泄的功能；火性温热，其性炎上，心属火，故心阳有温煦之功；土性敦厚，有生化万物的特性，脾属土，故脾消化水谷，为气血生化之源；金性清肃，收敛，肺属金，故肺具清肃之性，肺气有肃降之能；水性润下，有寒润、下行、闭藏的特性，肾属水，故肾主闭藏，有藏精、主水等功能。

用五行相生说明脏腑之间的联系，如：木生火，即肝木济心火，肝藏血，心主血脉，肝藏血功能正常有助于心主血脉功能的正常发挥；火生土，即心火温脾土，心主血脉、主神志，脾主运化、主生血统血，心主血脉功能正常，血能营脾，脾才能发挥主运化、生血、统血的功能；土生金，即脾土助肺金，脾能益气，化生气血，转输精微以充肺，促进肺主气的功能，使之宣肃正常；金生水，即肺金养肾水，肺主清肃，肾主藏精，肺气肃降有助于肾藏精、纳气、主水之功；水生木，即肾水滋肝木，肾藏精，肝藏血，肾精可化肝血，以助肝功能的正常发挥。

①用于指导疾病的诊断。人体是一个有机整体，内脏有疾病时，人体内脏功能活动及其相互关系的异常变化，可以反映到体表相应的组织器官，出现色泽、声音、形态、脉象等诸方面的异常变化。由于五脏与五色、五音、五味等都以五行分类归属形成了一定的联系，这种五脏系统的层次结构，为诊断和治疗奠定了理论基础。因此，在临床诊断疾病时，可以综合望、闻、问、切四诊所得的信息，根据五行的所属及其生克乘侮的变化规律来推断病情。

②用于指导疾病的防治。五行学说在疾病防治上的应用，体现于药物、针灸、按摩、精神等疗法之中，主要表现在控制疾病传变、指导脏腑用药、指导取穴、指导情志疾病的治疗等方面。

3. 脏腑学说

在五脏六腑与乳房的关系中，以肾的先天精气，脾胃的后天水谷之气，肝的藏血与疏调气机，对乳房的生理、病理影响最大。肾气盛则天癸至，女子月事时下，两乳渐丰满，孕育后乳汁充盈而哺；肾气衰则天癸竭，乳房也即衰萎。肾阴虚可致乳痨，劳伤肾精尚可变生乳岩。脾胃为气血生化之源，乳汁由脾胃水谷之精华所化生，脾胃气壮则乳汁多而浓，反之则少而淡，若脾胃运化失司而痰浊内生，痰湿蕴结于乳房胃络即可致病。肝主藏血主疏泄，肝血不足则产妇乳少；肝失疏泄，气机郁滞，则乳房胀痛，甚至形成肿块。泌乳顾问掌握了脏腑学说后，可以在咨询过程中向母亲解释说明泌乳的问题与内在脏腑直接的关系，从而与母亲一起制订调理的方法。

（1）概念。脏和腑是根据内脏器官的功能不同而加以区分的。

1）脏。胸腹腔中内部组织充实的器官，包括心、肝、脾、肺、肾五个器官（五脏），它们的共同功能是贮藏精气。

2）腑。指胸腹腔内一些中空有腔的器官，包括胆、胃、大肠、小肠、膀胱、三焦六个器官（六腑），它们具有消化食物，吸收营养、排泄糟粕的功能。

3）奇恒之腑：指在五脏六腑之外，生理功能方面不同于一般腑的一类器官，包括脑、髓、骨、脉、女子胞等。

（2）五脏的功能

1）心

①主血脉。心脏有推动血液在脉管中循行的作用。如心气旺盛、血脉充盈，则面色红润光泽；如心气不足、心血亏少，则面色白而无华。这就是"其华在面"的表现。

②藏神。神，是人体生命活动的总称，有广义和狭义之分。广义的神，指人体生命活动的外在表现；狭义的神，指心所主的神志，即人的精神、思维活动。心的气血充盈，则神志清晰，思考敏捷，精神充沛；如心血不足，可出现失眠、多梦、健忘、神志不宁等症；如血热扰心，可出现谵妄、昏迷、不省人事等症。

③开窍于舌。心气通于舌，因为心的生理功能，病理变化能影响到舌，故有"心开窍于舌"的说法。如心血不足，则舌质淡白；如心火上炎，则舌尖红或舌体糜烂；如心血瘀阻，则舌质紫暗或出现瘀点、瘀斑；如热入心包或痰迷心窍，则见舌强语謇。

2）肺

①主气、司呼吸，包括主呼吸之气和一身之气两个方面。

②主宣发，外合皮毛。肺使卫气与津液输布全身，以温润肌腠皮肤。皮毛位于体表，是人体抗御外邪的屏障，由于皮毛是由肺输布的卫气与津液所温养，所以有"肺主皮毛"之说。如肺卫气虚，肌表不固，会自汗出；如肺卫闭实，毛孔郁闭，则又常见无汗的症状。

③主肃降，通调水道。肃降是清肃下降之意，通调水道是使上焦的水液不断下输于膀胱，从而保持小便的通利。如肺失肃降，不能通调水道，则会发生痰饮、小便不利、尿少、水肿等水液输布障碍的病变，或咳嗽、喘息、胸闷胁胀等症状。

④开窍于鼻。鼻是吸气出入的通道，所以说"鼻为肺窍"或"肺开窍于鼻"。

3）脾

①主运化、升清。"主运化"指脾具有主管消化饮食和运输水谷精微的功

能,以营养五脏六腑、四肢百骸、皮毛筋肉等组织器官。如脾失健运,则会出现腹胀、便溏、食欲不振、疲倦消瘦、营养不良等病症。"升清"指脾脏具有将营养精微物质上升与输布的功能。如脾气不升,则可引起头晕目眩、久泄脱肛、内脏下垂等病症。

②主统血。指脾具有统摄血液,使之在经脉中运行而不溢于脉外的功能。如脾气虚衰,失去统摄功能,则会出现种种出血病症,如便血、崩漏、紫斑等。

③主肌肉、四肢。人体的四肢需要脾气输送营养才能维持功能活动。脾输送营养物质充足,则肌肉丰满壮实,四肢轻劲有力。

④开窍于口,其华在唇。脾主运化饮食水谷,口与脾的功能是协调统一的。脾能健运,气血充足,则口唇红润光泽;脾失健运,则口唇淡白不泽。

4)肝

①主疏泄。指肝具有疏通、舒畅、条达以保持全身气机疏通畅达、通而不滞、散而不郁的作用。

情志方面:肝气疏泄功能正常,人才能气血平和,心情舒畅。如肝失疏泄,则郁郁不乐、胸胁胀满、多疑善虑;如肝气亢奋,则见急躁易怒、失眠多梦、头胀头痛、目眩头晕等症。

消化方面:肝的疏泄与胆汁的分泌有关,如肝失疏泄,就会影响胆汁的分泌,从而影响消化功能。

②主藏血。肝藏血是指肝脏具有贮藏血液、防止出血和调节血量的功能。如肝血不足,可见两目昏花,筋肉拘挛,屈伸不利,女性出现月经量少,甚至闭经等症;如肝气横逆,气机紊乱,还可出现吐血、衄血及妇女血崩等病变。

③主筋,其华在爪。筋膜是一种联络关节、肌肉,专司运动的组织。肝之所以主筋膜,是因为筋膜有赖于肝血的滋养。如肝血不足,血不养筋,就会出现手足震颤,肢体麻木,屈伸不利等症;如热邪伤津,血不营筋,则四肢抽搐,甚至出现牙关紧闭、角弓反张等症,称为"肝风内动"。

④开窍于目。肝的经脉上注于目,所以有"肝开窍于目"之说。肝的功能是否正常,往往可以反应于目,如肝血不足,则夜盲或视物不清;如肝阴不足,则两目干涩;如肝经风热,可见目赤痒痛;如肝阳上亢,则头晕目眩;如肝风内动,可见目斜上吊等病症。

5）肾

①藏精、主发育与生殖。肾具有贮存、封藏人身精气的作用，主要是先天之精。精能化气，称为"肾气"。肾的精气盛衰，关系到生殖和生长发育能力的强弱。如肾阴虚，则会出现五心烦热、潮热盗汗、男子遗精、女子梦交等症；如肾阳虚，常见精神疲惫、形寒肢冷、小便频数、男子阳痿早泄、女子宫寒不孕等病症。

②主水。从广义来讲，"主水"是指肾为水脏，泛指肾具有藏精和调节水液的作用；从狭义而言，主水是指肾主持和调节人体水液代谢的功能。如肾的气化失常，会引起水液的代谢障碍而发生水肿、小便不利等病症。

③主纳气。指肾有摄纳肺吸入之气而调节呼吸的作用。如肾虚，吸入之气不能归纳于肾，就会出现动则气急、呼吸困难的病症。

④主骨、生髓，其华在发。肾主藏精，而精能生髓，髓居于骨中，骨赖髓以充养。所以说，肾主骨、生髓。发的营养来源于血，其生机则根于肾，精足则血旺，血旺则发华。因此，发的生长与脱落、润泽与枯槁，均与肾的精气盛衰有关。青壮年肾气旺盛，毛发密而光泽；老年人肾气虚衰，毛发稀白脱落。

⑤开窍于耳及二阴。耳的听觉功能，依赖于肾的精气充养。肾气足，则听觉灵敏；肾精不足，则出现耳鸣、听力减退等症。老年人之所以耳聋失聪，就是肾精衰退的原因。肾开窍于二阴，前阴指尿道（包括精窍），后阴指肛门，这主要是指肾和大小便的关系。因为肾主水，是管理水液代谢的，这一功能的产生，又和命门之火的气化功能有关。故在肾功能正常的情况下，水液的分布、排泄才能各走其道。

（3）六腑的功能

1）胆。贮存和排泄胆汁，具有促进食物的消化吸收的作用。

①胆主决断。决断属于思维的范畴，胆主决断，是指胆具有判断事物，并作出决定的作用。

②肝胆相互依附，互为表里。肝主谋虑，胆主决断，所以肝胆相互协调，共同调节着精神思维活动的正常进行。

2）胃

①主受纳、腐熟水谷。受纳指接受和容纳；腐熟指胃将饮食物进行初步消

化变成食糜的过程。胃有容纳由食管下传的食物，并将食物进行初步消化，下传于小肠的功能，故胃有"水谷之海""太仓"之称。

②主通降。指胃能够将食糜下传小肠、大肠，并排出糟粕的过程。

③脾胃互为表里，常把脾胃同称为"后天之本，气血生化之源。"

3）小肠

①主受盛、化物。受盛是接受、容纳之意，指小肠接受由胃初步消化的食物起到容器的作用。经胃初步消化的食物，须在小肠内停留一段时间，以便进一步消化吸收。

②泌别清浊。泌是分泌，别是分别，清指水谷精微，浊指食物残渣。小肠接受来自胃中的食物，进一步消化，将其分别为水谷精微和食物残渣两部分，其中清者经脾上输于肺，以营养全身，浊者下传于大肠；小肠在吸收水谷精微的同时，也吸收了大量的水液，经气化渗入膀胱，形成尿液，故有"小肠主液"之说。

4）大肠。传化糟粕。传化即传导和变化之意。大肠接受小肠下传的食物残渣，并吸收其中多余的水分，使之形成粪便，经肛门排出体外，故称大肠为"传导之官"。

5）膀胱。主要功能为贮存和排泄尿液。

6）三焦。上、中、下三焦的总称，为六腑之一。在人体脏腑中三焦最大，有名无实，有"孤腑"之称。

从部位上来划分，膈肌以上为上焦，包括心肺；膈肌以下、脐以上为中焦，包括脾胃；脐以下为下焦，包括肝肾。三焦与心包相表里。三焦的具体功能如下。

①三焦为人体元气通行的道路，主持诸气，总司人体的气化活动。

②三焦为人体水液运行的道路，具有疏通水道，运行水液的作用。

（4）奇恒之腑。"奇恒之腑"指的是在五脏六腑之外，生理功能方面不同于一般腑的一类器官，包括脑、髓、骨、脉、女子胞等。

1）脑。贮藏脑髓，为元神之府。

①主宰生命活动，是生命的枢机。

②主精神意识。功能正常，则精神饱满，意识清楚，思维灵敏，记忆力强，语言清晰，情志正常；否则便出现神明功能异常。

③主感觉运动。

2）骨与髓。骨即骨骼，具有贮藏骨髓、支撑形体、保护内脏作用。髓即精髓，包括骨髓、脊髓、脑髓，具有充养脑髓、滋养骨骼、化生气血的作用。

3）脉。脉指脉管，具有运行气血、壅遏营气的作用。

4）女子胞。在女，为子宫，司月经、主妊育；在男，为精室，司生精藏精。

4. 气、血、津液学说

气、血、津液是构成人体的基本物质，也是维持人体生命活动的基本物质。气、血、津液是人体脏腑、经络等组织器官生理活动的产物，也是组织器官进行生理活动的物质基础。乳房通过精、气、血、津液的作用来完成泌乳的功能活动，气、血、津液为乳汁产生的物质，气推动血和津液的产生，血和津液具有滋润和濡养作用，并可直接化生乳汁。

气是不断运动具有很强活力、极其细微的物质，血是循行脉内的红色液体，津液是人体一切正常水液的总称。从气、血、津液的相对属性来区分阴阳，气具有温煦、推动的作用，属于阳；血和津液是液态物质，具有滋润、濡养的作用，属于阴。

（1）气

1）基本概念。在中医学中，气具有多种含义，譬如把致病的六淫，称"邪气"；把机体的生理功能和抗病能力，称"正气"；把中药的寒、热、温、凉，称"四气"。本节所论述的气，专指构成人体和维持人体生命活动的最基本物质。

气是构成人体的最基本物质，同时也是维持人体生命活动的最基本物质，其运动变化也就是人体的生命活动，气聚则生，气散则死。

2）气的生成。人体的气，源于先天之精气和后天摄取的水谷精气与自然界的清气，通过肺、脾胃和肾等脏腑生理活动作用而生成。

①气的来源。先天之气受之于父母，后天之气来源于水谷。

②生成过程。人体的气，从其本源看，是由先天之精气、水谷之精气和自然界的清气三者相结合而成的。气的生成有赖于全身各脏腑组织的综合作用，其中与肺、脾胃和肾等脏腑的关系尤为密切。

肺为气之主：肺在气的生成过程中主要生成宗气。人体通过肺的呼吸运动，把自然界的清气吸入于肺，与脾胃所运化的水谷精气，在肺内结合而积于胸中的上气海（膻中），形成人体的宗气。

脾胃为气血生化之源：脾胃为后天之本，在气的生成过程中，脾胃的腐熟运化功能尤为重要。胃司受纳，脾司运化，一纳一运，生化精气。脾升胃降，纳运相得，将饮食化生为水谷精气，靠脾之转输和散精作用，上输于肺，再由肺通过经脉而布散全身，以营养五脏六腑、四肢百骸，维持正常的生命活动。

肾为生气之源：肾有贮藏精气的作用，肾的精气为生命之根本。肾所藏之精，包括先天之精和后天之精。先天之精是构成人体的原始物质，为生命的基础。后天之精又称五脏六腑之精，来源于水谷精微，由脾胃化生并灌溉五脏六腑。

3）气的分类。人体的气从整体而言，由生殖之精气、水谷精气和自然界的清气组成，但由于组成、分布部位和功能的不同，故又可以分为元气、宗气、营气和卫气4种。

①元气。又名原气，是人体最基本、最重要的根源于肾的气，包括元阴和元阳。

生成分布。由生殖之精气所化生，依赖后天水谷精微物质培养。元气起源于肾，通行全身，内达五脏六腑，外至肌肤腠理。

主要功能。一是推动人体的生长、发育，机体的生、长、壮、老，都与肾中精气的盛衰密切相关。二是激发、调节各脏腑、经络等组织器官的生理功能，是人体生命活动的原动力。

②宗气。由清气和水谷精气结合而成，聚于胸中之气。

生成分布。由肺从自然界吸入的清气和脾胃所化生的水谷精微之气组成。积聚于胸中，贯注入心和肺，从肺而出，行走呼吸道；贯注入心，则经心脏注入血脉中，推动气血运行。

主要功能。一是帮助呼吸，凡言语、声音、呼吸的强弱，均与宗气的盛衰有关。二是帮助心脏推动气血运行。

③营气。行于脉中、具有营养作用之气。由于营气行于脉中，可化生血液，与血液不可分离，故又称"营血"。与卫气相对而言，在内属阴，故又称"营阴"。

生成分布。由脾胃所化生的水谷精气生成，通过十二经脉和任督二脉运行全身，贯注五脏六腑。

主要功能。一是化生血液，营气注入脉中，成为血液的组成部分。二是营养全身，为各脏腑、经络等生理活动提供营养物质。

④卫气。行于脉外，起保护作用之气。因卫气行于脉外，属阳，故又称"卫阳"。

生成分布。来自脾胃所化生的水谷精微之气。卫气的循行路径，历代医家说法不一，大致有以下三种：第一种是卫气与营气并行；第二种是昼行于阳，夜行于阴，即白天行走于体表六腑和阳经，夜晚行走于体内五脏和阴经；第三种是散行全身，无处不到。

主要功能。一是温养作用，维持人体体温，保证机体生命活动的正常进行。二是调节作用，卫气统管汗孔的开合，调节汗液的排泄，维持体温的相对恒定，调节气血，维持机体内外环境的阴阳平衡。三是防御作用，肌肤毛发是机体的第一道防御屏障，通过卫气温养肌肤毛发，调节汗孔开合，使肌肤致密，充分发挥防御功能。四是与人体睡眠有关，当卫气行于体内时，人便入睡；当卫气出于体表时，人便醒悟。如卫气行于体表的时间过长则少眠，行于体内的时间过长则多眠。

营气和卫气都来源于水谷精气，其中精专柔和部分构成了营气，慓疾滑利部分构成了卫气。营气营养于内为阴，卫气护卫于外为阳，一阴一阳，互为其根。故营卫之间必须协调，不失其常，才能发挥正常的生理功能。

4）气的生理功能

①推动作用。气是活力很强的精微物质，具有推动和激发人体生长发育以及各脏腑经络的生理功能，推动血液的生成、运行，以及津液的生成、输布、排泄。当推动作用减退时，会影响人体的生长、发育或出现早衰，各脏腑经络生理功能减退，血和津液生成不足，输布和排泄受阻。

②温煦作用。阳气能产生热量，起温煦人体的作用。人体各脏腑经络的生理活动需要气的温煦作用来维持；血和津液都是液体，都需要气的温煦才能正常运行。阳气愈多，产热愈多，故有"气有余便是火，气不足便是寒"的说法。

③防御作用。气有维护肌肤，防御邪气的作用，与现代医学的防御屏障相关联。气的防御功能强，则人体不易发病。

④固摄作用。主要是统摄和控制体内的液体，不使其无故流失。其中对血液则是防止血液溢出脉外，保证血液在脉中正常运行。

⑤气化作用。通过气的运动产生各种变化，即气、血、津液各自的新陈代谢及其相互转化，也就是物质和能量转化的过程。

⑥营养作用。指气与各种营养物质结合，运行到全身发挥营养作用，是人体生命活动的原动力。

5）气的运动。气的运动称为气机，机者有枢机、枢要、关键之意。运动是气的根本属性，气的运动是自然界一切事物发生发展变化的根源。气化活动是以气机升降出入运动为具体体现的，即气的交感作用。

人体的气处于不断运动之中，流行于全身各脏腑、经络等组织器官，无处不有，时刻推动和激发着人体的各种生理活动。气的升降出入运动一旦停止，就失去了维持生命活动的作用，人的生命活动也就终止了。

（2）血

1）基本概念。血即血液，是循行于脉中的富有营养的红色液态物质，是构成人体和维持人体生命活动的基本物质之一。血主于心、藏于肝、统于脾、布于肺、根于肾，有规律地循行脉管之中，在脉内营运不息，充分发挥灌溉一身的生理效应。

脉是血液循行的管道，又称"血府"。在某些因素的作用下，血液不能在脉内循行而溢出脉外时，称为出血，即"离经之血"。由于离经之血离开了脉道，失去了其发挥作用的条件，所以，就丧失了血的生理功能。

2）血的生成。血主要由营气和津液组成。营气和津液都来自于脾胃所化生的水谷精微物质。水谷精微、营气、津液、精髓均为生成血液的物质基础，但营气和津液都来自于饮食经脾和胃的消化吸收而生成的水谷精微。所以，就物质来源而言，水谷精微和精髓则是血液生成的主要物质基础。血液在脾胃、心肺、肝肾等脏腑的共同作用下生成，故临床上常用补养心血、补益心脾、滋养肝血和补肾益髓等法以治血虚之候。

3）血的循行

①血液循行的方向。脉为血之府，脉管是一个相对密闭、如环无端、自我衔接的管道系统。血液在脉管中运行不息，流布于全身，环周不休，营养人体的周身内外上下。

②血液运行的机制。血液正常循行必须具备两个条件：一是脉管系统的完

整性，二是全身各脏腑发挥正常生理功能，与心、肺、脾、肝四脏的关系尤为密切。

心主血脉。心为血液循行的动力，脉是血液循行的通路，血在心的推动下循行于脉管之中。全身的血液依赖心气的推动，通过经脉而输送到全身，发挥其濡养作用。心气充沛与否，心脏的搏动是否正常，在血液循环中起着十分关键的作用。

肺朝百脉。肺司呼吸而主一身之气，调节着全身的气机，辅助心脏，推动和调节血液的运行。肺之呼吸以行脏腑之气，心因之一舒一缩，以行经络之血。

脾主统血。五脏六腑之血全赖脾气统摄，脾之所以统血，与脾为气血生化之源密切相关。脾气健旺，气血旺盛，则气之固摄作用也就健全，而血液就不会逸出脉外，以致引起各种出血。

肝主藏血。肝具有贮藏血液和调节血流量的功能。根据人体动静的不同情况，调节脉管中的血液流量，使脉中循环的血液维持在一个恒定水平上。此外，肝的疏泄功能能调畅气机，一方面保证肝本身的藏血功能，另一方面对血液通畅循行起着一定的作用。

由此可见，血液正常地循行需要两种力量：推动力和固摄力。推动力是血液循环的动力，具体体现在心主血脉、肺助心行血及肝的疏泄功能方面。另一方面是固摄的力量，保障血液不致外溢，具体体现在脾的统血和肝藏血的功能。这两种力量的协调平衡维持着血液的正常循行。

4）血的生理功能

①营养滋润全身。血具有很强的营养和滋润作用。血液在脉管中运行，内至脏腑，外达皮肉筋骨，对全身各脏腑组织器官起着营养和滋润作用，以维持正常的生理功能。

如血液的营养和滋润功能正常，则面色红润、肌肉丰满壮实、皮肤毛发润泽有华、感觉活动灵活自如；如血液生成不足或过度耗损导致血液的营养和滋润功能减弱，就会出现面色苍白、唇色指甲淡白无华、头晕目眩、肢体麻木、筋脉拘挛、心悸怔忡、皮肤干燥、头发枯焦等一系列血虚失于濡养的症状。

②神志活动的物质基础。血液是机体神志活动的物质基础。人的精神充沛、神志清晰、感觉灵敏、活动自如，均有赖于气血的充盛。因此，不论何种原因所造成的血虚，均可出现精神不振、健忘、失眠、多梦、烦躁甚至精神恍惚、惊悸不安、谵狂等神志失常的病理表现。

（3）津液

1）基本概念。津液是机体一切正常水液的总称，包括各脏腑组织器官的内在体液及其正常的分泌物，如胃液、肠液、涕、泪等，同样也是构成人体和维持人体生命活动的基本物质。

津液其实是津和液两个概念，虽同属水液，都来源于水谷精微物质，但根据其性状、功能、分布部位不同，会有一定的区别。性质较清稀，流动性较大，分布于体表皮肤、肌肉和孔窍，并能渗注到血管中，起滋润作用的，称为津；性质较稠厚，流动性较小，灌注于骨关节、脏腑、脑、髓等组织，起濡养作用的，称为液。因津和液可相互转化，故津和液常同时并称。

2）津液的代谢。津液的生成、输布和排泄，是一个涉及多个脏腑一系列生理活动的复杂的生理过程。

①津液的生成。津液来源于饮食，通过脾、胃、小肠和大肠消化吸收饮食中的水分和营养而生成，取决于如下两方面的因素：其一是充足的水饮类食物，这是生成津液的物质基础；其二是脏腑功能正常，特别是脾胃、大小肠的功能正常。其中任何一方面因素的异常，均可导致津液生成不足，引起津液亏乏的病理变化。

②津液的输布。津液的输布虽与五脏皆有密切关系，但主要是由脾、肺、肾和三焦来完成的。脾将胃肠而来的津液上输于肺，肺通过宣发肃降功能，经三焦信道，使津液外达皮毛，内灌脏腑，输布全身。

③津液的排泄。津液的排泄与输布一样，主要依赖于肺、脾、肾等脏腑的综合作用，其具体排泄途径有3种。

汗：由肺气宣发，将津液输布到体表皮毛，被阳气蒸腾而形成汗液，经汗孔排出体外。

尿液：为津液代谢的最终产物，肾之气化作用与膀胱的气化作用相配合，共同形成尿液并排出体外。

粪便：大肠排出的水谷糟粕所形成的粪便中也带走一些津液。

3）津液的功能

①滋润濡养。津液以水为主体，具有很强的滋润作用，富含多种营养物质，具有营养功能。分布于体表的津液，能滋润皮肤，温养肌肉，使肌肉丰润，毛发光泽；体内的津液能滋养脏腑，维持各脏腑的正常功能；注入孔窍的

津液，使口、眼、鼻等九窍滋润；流入关节的津液，能温利关节；渗入骨髓的津液，能充养骨髓和脑髓。

②化生血液。津液经孙络渗入血脉之中，成为化生血液的基本成分之一。津液使血液充盈，濡养和滑利血脉，使血液环流不息。

③调节阴阳。津液作为阴精的一部分，对调节人体的阴阳平衡起着重要作用。脏腑之阴的正常与否，与津液的盛衰是分不开的。人体根据体内的生理状况和外界环境的变化，通过津液的自我调节使机体保持正常状态，以适应外界的变化。如寒冷的时候，皮肤汗孔闭合，津液不能借汗液排出体外，而下降入膀胱，使小便增多；夏暑季节，汗多则津液减少下行，使小便减少；当体内丢失水液后，则多饮水以增加体内的津液。由此调节机体的阴阳平衡，从而维持人体的正常生命活动。

④排泄废物。津液在其自身的代谢过程中，能把机体的代谢产物通过汗、尿等方式不断地排出体外，使机体各脏腑的气化活动正常。若这一作用受到损害或发生障碍，就会使代谢产物潴留于体内，而产生痰、饮、水、湿等多种病理变化。"痰"质地稠浊而黏，流动性小，但也可随气流窜全身，有无形之痰和有形之痰之分，见症复杂；"饮"是一种液态病理产物，可由于所停聚的不同部位表现出不同的症状特点；"水"为液态，流动性大，以水肿、少尿为主症；"湿"多呈弥漫性，有内湿与外湿之分，可与其他邪气合并致病。

4）五脏化液。汗、涕、泪、涎、唾五种分泌物或排泄物称之为五液。五液由五脏所化生，即心为汗，肺为涕，肝为泪，脾为涎，肾为唾。五液由五脏所化生并分属于五脏，故称五脏化液，又称五脏化五液。

五液属津液范畴，皆由津液所化生，分布于五脏所属官窍之中，起着濡养、滋润以及调节津液代谢的作用。五液的化生、输布和排泄是在津液的化生、输布和排泄的气化过程中完成的，是多个脏腑综合作用的结果。五脏与五液的关系是津液代谢过程中整体调节与局部调节的统一。

（4）气、血、津液的相互关系。气、血、津液都是构成人体和维持人体生命活动的最基本物质，三者相互依存、相互制约、相互为用。

1）气和血的关系。气为血之帅、血为气之母。

①气能生血。血液的主要成分为营气和津液，都来自脾胃所运化的水谷精微物质。由食物转化成水谷精微，再由水谷精微转化成营气和津液，再由营气

和津液转化成血液，均离不开气的运动变化，气旺则化生血液的功能也强。故在治疗血虚病症时，应配伍补气药。

②气能行血。血属阴主静，气属阳主动，血液的运行有赖于气的推动，气行则血行，气滞则血瘀。如果气的运行失常，就会导致血行异常，故在临床治疗时常配伍补气、行气、降气药。

③气能摄血。血液能在血脉中运行而不溢出脉外，主要是依赖气的固摄功能。临床上治疗因气虚导致的出血病症，常配伍补气药。

④血为气之母。血是气的载体，并为其提供充分的营养。气是活力很强的物质，容易逸脱，所以要依附于血和津液才能在体内存在。如果气失去依附，就会浮散无根而出现气脱现象。所以血虚气亦虚，血脱气亦脱，在治疗上多用益气固脱之法。

2）气和津液的关系。津液属阴，气属阳，气和津液的关系，与气和血的关系基本一样，同样是气能生津，气能行津，气能摄津，津能载气。

3）血和津液的关系。血和津液，都是液态物质，都具滋润和濡养作用，都来源于水谷精微物质，故有"津血同源"之说。津液渗入血脉中，就成了血液的组成部分。

在病理上，如果失血过多，血管外的津液可渗入到血管中，补充血液容量；如血管外的津液大量渗入血管内，则会导致津液不足，出现口渴、尿少、皮肤干燥等。反之，如果津液大量损耗，不仅渗入脉内之津液减少，反而脉内之液态成分会较多地渗出于脉外；则可见血脉空虚、津枯血燥之象。所以对于失血患者，不能使用发汗、利尿等使津液耗损的方法；津液亏损患者，不能使用破血等方药。

二、中医对乳房泌乳的认知

中医学认为乳房的生长发育、分泌乳汁以及参与性活动等各项生理功能的体现，都离不开机体中脏腑、经络、气血津液的协同作用。

1. 乳房与脏腑的关系

乳房伴随机体经历生长、发育、衰退等一系列生理变化，有赖于机体五脏六腑、经络筋脉、气血津液之间的协同配合。各项生理变化的推动和发展，源于机体内先天之精与后天之精的支持充续。

在传统医学理论中,肾为先天之本,藏精,主生殖,精既包含来源于父母的先天之精,又包含后天脏腑精气的贮存濡养,是乳房发育及实现泌乳功能的基础。心为君主之官,主血脉,是个体进行情感交流、孕产哺育等各项活动的物质基础。脾为后天之本,气血生化之源,主运化,一方面将饮食水谷中的精微物质化生气血,另一方面保障机体中水液的正常输布,脾胃功能旺盛则乳汁化生有源,脾胃薄弱则易乳汁不足。肺主气,司呼吸,朝百脉,主宣发,主皮毛,乳汁的分泌和排泄输布有赖于肺主宣发功能的正常运行。肝藏血,主疏泄,喜条达而恶抑郁,肝的疏泄有度则气血调和,气机调畅,经血有常,乳汁流畅。

2. 乳房与经络的关系

经络是人体内精气运行的通道,它将人体五脏六腑、四肢百骸、筋骨皮毛、气血津液等网络联系成统一的生命体,起到运行气血、联络脏腑、沟通内外、传导感应的作用,使得气血的运行四通八达,循环流注,如环无端、昼夜不息。乳房位于前胸部,正是十二经脉中足阳明胃经、足厥阴肝经、足少阴肾经、足太阴脾经以及冲任二脉的行经交汇之处,气血交汇之海,故又被称为"宗经之所"。经络及其所属是沟通乳房与脏腑的重要途径,为乳房的外形隆突和哺乳功能的完成提供了气血等物质保障,使乳房与脏腑之间构成了有机整体。

3. 乳房与气血津液的关系

乳房各项生理机能的正常运行和发挥,同样离不开气血津液的正常运转。乳房的代谢和发育、乳汁的生成和输布都有赖于气机的正常运行;血具有得温则行、得寒则凝、得热妄行的特点,是乳汁分泌的主要物质来源,也是造成各类乳房疾病的重要原因之一;津液与血液之间是相互转化的,共为乳汁生化之源。

乳汁的生成,来源于饮食水谷精微。脾胃功能健硕,水谷精微则得以化生气血;肝胆疏泄有常,则乳汁得以输布排泄;冲任二脉气血充盛,则可上行为乳,源源不断;经络畅行有道,则可沟通汇集脏腑之精气,濡养乳房,调和诸脏。由此可见,乳房虽属局部器官,但通过十二经脉和奇经八脉的纵横联系,与内在脏腑形成了一个有机的整体,并通过精、气、血、津液的作用来完成其功能活动。乳房泌乳功能的实现,离不开脏腑、经络、以及气血津液之间各项功能的密切配合。先天禀赋充足,发育正常,脾胃调和,气血充盛,气机条达,经络通畅,乳汁自然会泌生有源,输布有常。

三、中医分析影响泌乳的因素

中医认为乳腺问题属于半表半里，运用中医理论理解哺乳期的泌乳问题，应从整体观念出发，从阴阳表里寒热虚实以及脏腑、经络、气血津液等各个角度辨证分析，找出病因病机，从而得出正确的处理思路和方法。

一般认为，对乳房的生理、病理影响最大者为：肝、肾、脾胃功能是否正常以及肝胃两经、冲任二脉是否通调。故脾胃气壮则乳汁多而浓，脾胃气虚则乳汁少而淡。肝主藏血、主疏泄，肝气可推动乳汁的分泌，防止其在乳房淤积；肝血不足则产妇乳少。另外气可统摄乳汁的分泌，防止其过多的流失。

哺乳期常见影响泌乳的因素通常有以下两个方面。

1. 导致乳汁淤积、肿块的影响因素

若产妇脾胃功能不好，正常的饮食消化吸收不了，就会在体内生成痰浊物质，湿热蕴结，痰湿蕴结在乳房里的胃络即可导致乳房产生肿块。则乳房的经络堵塞之后，乳房内气血淤滞而导致乳汁排出不畅，或乳汁分泌骤然减少，甚至会变成乳腺炎。肝失疏泄，气机郁滞，则乳房胀痛，甚至形成肿块。

2. 情志方面的影响因素

中医认为情志对乳房泌乳影响很大，肺主忧，故忧伤肺；肾主恐，故恐伤肾；肝主怒，故怒伤肝；脾主思，过思伤脾；心主喜，过喜伤心。因此女性的情绪会影响到其生理机能，恼怒伤肝可使肝郁气滞，思虑伤脾可使脾失健运，肝脾两伤、痰气互结、淤滞成块，则发而为乳腺问题。

四、产后女性中医调养方法

中医有系统的优生优育理论，贯穿于女性的胎孕、产乳以及婴幼儿的哺育中。古代中医在母婴保健方面的认识对于当今女性孕产哺育的护理仍具有一定的指导实践的意义。

产后女性体质具有亡血伤津、气机失调的特点。气血亏虚是产后出现一系列病状的病理基础，应把补益气血、健护脾胃放在产后调理的重要位置。女性产后调养失当，不仅影响自身各项生理机能的恢复，还会影响到乳汁分泌和婴儿的生长发育。

中医学对产后女性的常见问题有深入的认识，在产后调养方面积累了丰富

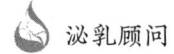

的经验，由此提出中医的调养原则和产后护理的精辟论述。

补气血是产妇调养的基本调理原则。女性产后调养应从生活起居与饮食、注重心神调和等多方面进行。

（1）产后满百日气血方调和，脏腑平复，才可恢复正常生活。

（2）气血亏虚，风寒易入。产后女性更易受到风、寒、暑、湿、热等外邪的侵害，导致气机失调。因此，居室一定要保持适宜的温度，注意保暖，避免吹冷风受凉。

（3）注意休息，尽量保证睡眠充足，不宜过度劳累。

（4）饮食适度、规律，不要暴饮暴食。宜少食多餐，禁食生冷厚腻的食物，减轻脾胃的负担，为脾胃的恢复创造基本条件，避免积滞。

（5）调和情志。气血未充，多语、惊恐、哭泣、思虑、动怒等情绪不可波动过大。产妇日常生活中肩负哺乳、家务的双重压力，加上女性较敏感，情绪不稳定，易因忧郁、急躁、怒气、思虑过度等内在因素扰乱气血运行。

第二节　中医经络腧穴定位

一、经络的分类

人体的经络系统由经脉和络脉两大部分组成。其中较为粗大、分布较深且纵行的主要干线，称为"经"，亦称"经脉"；而较为细小的，经的分支，深浅部均存在，网络于经脉间的称为"络"，亦称"络脉"。经络是人体气血运行的通路，内属于脏腑，外布于全身，将各部组织、器官连接成一个统一的整体。其中经脉包括十二经脉和奇经八脉，以及附属于十二经脉的十二经别、十二经筋、十二皮部；络脉有别络、浮络、孙络之分。

十二经脉是手三阳经、手三阴经、足三阳经、足三阴经的合称，为经络系统的主体。它根据内为阴、外为阳，腹为阴、背为阳的原则分为阴经和阳经。根据经脉循行方向，十二经的走向为：手三阴经从胸走手；手三阳经从手走头；足三阳经从头走足；足三阴经从足走腹（胸）。

十二经脉在体表左右对称地分布于头面、躯干和四肢，纵贯全身。六阴经分布于四肢内侧和胸腹，六阳经分布于四肢外侧和头面、躯干，见表12-2。

第十二章 促进泌乳的中医技术方法

表 12-2 十二经脉分布表

手三阴经	手太阴（肺）经	手三阳经	手阳明（大肠）经
	手厥阴（心包）经		手少阳（三焦）经
	手少阴（心）经		手太阳（小肠）经
足三阴经	足太阴（脾）经	足三阳经	足阳明（胃）经
	足厥阴（肝）经		足少阳（胆）经
	足少阴（肾）经		足太阳（膀胱）经

奇经八脉是任脉、督脉、冲脉、带脉、阴跷脉、阳跷脉、阴维脉、阳维脉的总称。它们与十二经脉不同，既不直属脏腑，又无表里配合关系，其循行别道奇行，故称奇经，沟通十二经脉之间的联系，对十二经气血有蓄积渗灌等调节作用。

十二经脉（统称正经）和奇经八脉（统称奇经）是经络的主要部分，若十二经脉加任、督二脉即为十四经脉，如图12-2所示。

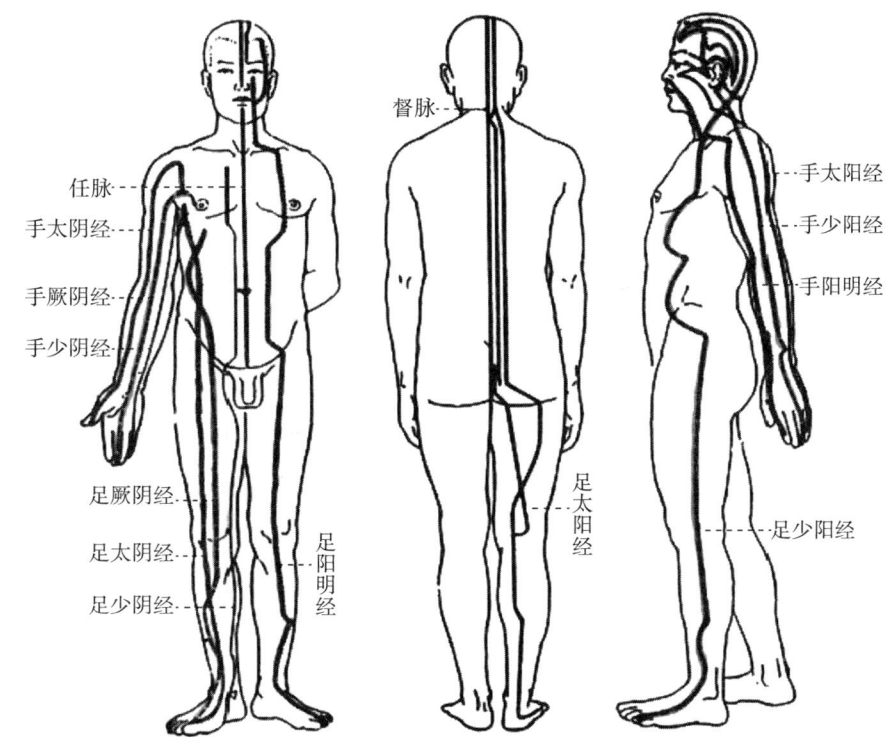

图12-2 十四经脉循行分布示意图

二、中医腧穴定位方法

腧穴定位又称取穴,定位正确与否直接影响治疗效果。常用的取穴法有体表解剖标志定位法、骨度折量定位法、指寸定位法、简便取穴法等。取穴时,各种取穴方法可以结合起来,相互参照,并结合不同个体、不同体位、姿势和不同穴位的局部感应来定穴。

1. 体表解剖标志定位法

体表解剖标志定位法是以体表解剖学的各种体表标志为依据确定经穴位置的方法,见表12-3。体表解剖标志有固定标志和活动标志两大类。

(1)固定标志。指各部由骨骼和肌肉所形成的凸起或凹陷、五官轮廓、发际、指(趾)甲、乳头、脐窝等。根据固定标志定位,如两眉之间定印堂、鼻尖定素髎、脐中定神阙、两乳头连接中点定膻中等。

(2)活动标志。指各部的关节、肌肉、肌腱皮肤随活动而出现的空隙、凹陷、皱纹、尖端等。根据活动标志定位,如屈肘纹头取曲池,握拳掌横纹头取后溪,张口取听宫、听会,闭口取下关等。

表12-3 体表解剖标志经穴位置

部位	体表标志	说明
头部	前发际正中 后发际正中 额角(发角) 完骨 枕外隆突	头部有发部位的前缘正中 头部有发部位的后缘正中 前发际额部曲角处 颞骨乳突 枕骨外侧最隆起的骨突
面部	眉间(印堂) 瞳孔、目中	两眉头之间中点处 平视,瞳孔中央
颈项部	喉结 第七颈椎棘突	喉头凸起
胸部	胸骨上窝 胸剑联合中点 乳头	胸骨切迹上方凹陷处 胸骨体与剑突结合部 乳头中央
腹部	脐中(神阙) 耻骨联合上缘 髂前上棘	脐窝中央 耻骨联合上缘与前正中线的交点处 髂脊前部的上方突起处
侧胸侧腹部	腋窝顶点 第十一肋端	腋窝正中央最高点 第十一肋骨游离端

续表

部位	体表标志	说明
背腰骶部	胸椎棘突 1~12 腰椎棘突 1~5 骶正中脊、尾骨 肩胛冈根部点 肩峰角 髂后上棘	肩胛骨内侧缘近脊柱侧 肩峰外侧缘与肩胛内连续处 髂脊后部上方突起处
上肢部	腋前纹头 腋后纹头 肘横纹 肘尖 腕掌、背侧横纹	腋窝皱襞的前端 腋窝皱襞的后端 尺骨鹰嘴 尺桡骨茎突远程联机上的横纹
下肢部	髀枢 股骨内侧髁 胫骨内侧髁 臀下横纹 犊鼻（外膝眼） 腘横纹 内踝尖 外踝尖	股骨大转子 内辅骨上 内辅骨下 臀与大腿的移行部 髌韧带外侧凹陷处中央 腘窝处横纹 内踝向内侧的凸起处 外踝向外侧的凸起处

2. 骨度折量定位法

骨度折量定位法，是以体表骨节为主要标志折量全身各部的长度和宽度，定出分寸，用以确定腧穴位置的方法，又称骨度分寸法、骨度法、折骨定穴法。

采用骨度分寸折量法，不论男女老幼、高矮胖瘦，只要部位相同，其尺寸便相同，见表12-4。

表12-4 骨度折量寸表

部位	部分示意图	起止点	折量分寸	度量法	说明
头面部		前发际正中→后发际正中	12寸	直	用于确定头部经穴的纵向距离
		眉间（印堂）→前发际正中	3寸	直	用于确定前或后发际及其头部经穴的纵向距离

续表

部位	部分示意图	起止点	折量分寸	度量法	说明
胸腹胁部		第七颈椎棘突下（大椎）→后发际正中	3寸	直	—
		眉间（印堂）→后发际正中→第七颈椎棘突下（大椎）	18寸	直	—
		前额两发角（头维）之间	9寸	横	用于确定头前部经穴的横向距离
		耳后两乳突（完骨）之间	9寸	横	用于确定头后部经穴的横向距离
背腰部		胸骨上窝（天突）→胸剑联合中点（歧骨）	9寸	直	用于确定胸部任脉穴的纵向距离
		胸剑联合中点（歧骨）→脐中	8寸	直	用于确定上腹部经穴的纵向距离
		脐中→耻骨联合上缘（曲骨）	5寸	直	用于确定下腹部经穴的纵向距离
		两乳头之间	8寸	横	用于确定胸腹部经穴的横向距离
		腋窝顶点→第十一肋游离端（章门）	12寸	直	用于确定胁肋部经穴的纵向距离
上肢部		肩胛骨内缘→后正中线	3寸	横	用于确定背腰部经穴的横向距离
		肩峰缘→后正中线	8寸	横	用于确定肩背部经穴的横向距离

续表

部位	部分示意图	起止点	折量分寸	度量法	说明
上肢部		腋前、后纹头→肘横纹（平肘尖）	9寸	直	用于确定臂部经穴的纵向距离
		肘横纹（平肘尖）→腕掌（背）侧横纹	12寸	直	用于确定前臂部经穴的纵向距离
下肢部		耻骨联合上缘→股骨内上髁上缘	18寸	直	用于确定下肢内侧足三阴经穴的纵向距离
		胫骨内侧髁下方→内踝尖	13寸	直	—
		股骨大转子→横纹	19寸	直	用于确定下肢外后侧足三阳经穴的纵向距离（臀沟→横纹，相当14寸）
		横纹→外踝尖	16寸	直	用于确定下肢外后侧足三阳经穴的纵向距离

3. 指寸定位法

指寸定位法，是以患者本人手指所规定的分寸量取腧穴的方法，又称指量法、手指同身寸取穴法。

指寸定位法使用方便，必须在骨度分寸的基础上应用，不能以指寸倍量全身各部，以免长短失度。

常用指寸定位法如图12-3所示。

（1）中指同身寸：中指屈曲时，中节桡侧两端纹头之间的距离为1寸。适用于四肢部腧穴的纵向比量以及背腰部腧穴的横向定位。

（2）拇指同身寸：以拇指关节的横度为1寸。

（3）横指同身寸：又称一夫法，食、中、无名、小指四指并拢，以中指中节横纹为准，四指的宽度为3寸。多用于上下肢、下腹部的直寸，以及背部的横寸取穴。

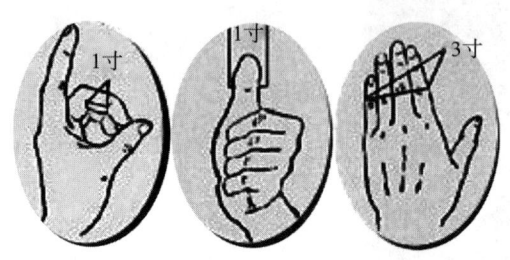

图12-3　中指、拇指、横指同身寸

4. 简便取穴法

简便取穴法，是在取穴时结合一些简便的活动标志取穴的方法。简便取穴法简便易行，临床应用时可与体表标志法、骨度法、指寸法结合使用。

5. 取穴要领

临床取穴常以骨度法为主，再结合其他取穴方法，同时还必须注意患者的体位、姿势，并且要上下左右互相参照。取穴的原则要领如下。

（1）按照分寸，做到心中有数。

（2）观察体表标志定穴。

（3）采取适当的姿势取穴。某些穴位应采取坐姿取穴，某些穴位以卧式取穴为宜，有些穴位应伸直肢体取之，有些穴位则应屈曲肢体取之。因此，取穴姿势应依具体情况而定，还可结合一些简便的活动标志取穴。

（4）取五穴而用一穴，取三经而用一经。古人有"取五穴用一穴而必端，取三经用一经而必正"之说，意思是说，正确的取穴方法，是取某一个穴位时，必须要了解它上下左右的穴位；定某一经时，必须要参照其周围几条经脉的循行，这样全面参考才能正确地定位取穴。

全身的经穴，督脉和任脉位于正中线，穴位较易确定，因此任督脉的穴位常可作为两旁经穴定位的参考依据。而头部和肩部的腧穴比较复杂，取穴时须仔细分别。取肢体外侧面的穴位时，主要观察筋骨的凹陷等骨性标志；取肢体内侧面的穴位时，除注意体表标志外，还应注意动脉的搏动等。

三、常用的催乳穴定位

人体穴位是身体问题的反映点，也是按摩治病的关键部位。人体乳房位置有非常多且复杂的经络汇集，故选取对乳房泌乳影响较大的穴位进行按摩可以达到刺激泌乳的效果。

常用的催乳穴分别在十四条身体主要循行经络上，见表12-5，泌乳顾问需要详细了解每个催乳穴位所属的经络、穴位的名字，在实际工作中结合不同的情况进行穴位的组合应用。

表 12-5 催乳穴在经络分布表

经络名称	催乳穴名称	经络名称	催乳穴名称
手太阴（肺）经	云门、中府	手阳明（大肠）经	合谷、曲池
手厥阴（心包）经	天池	手少阳（三焦）经	阳池
手少阴（心）经	极泉	手太阳（小肠）经	少泽、前谷、天宗
足太阴（脾）经	天溪	足阳明（胃）经	屋翳、膺窗、乳中、乳根、梁丘、足三里
足厥阴（肝）经	期门、太冲	足少阳（胆）经	风池、肩井、渊腋、足临泣
足少阴（肾）经	神封	足太阳（膀胱）经	膈俞、肝俞、脾俞、肾俞
督脉	百会、神庭	任脉	膻中、中脘

1. 手太阴肺经

手太阴肺经是一条与呼吸系统功能密切相关的经络，还关系到胃和大肠的健康。此经脉始于胃部，循行经大肠、喉部及上肢内侧，止于食指末端，脉气由此与手阳明大肠经相接。手太阴肺经上的催乳穴为云门、中府，如图12-4所示。

（1）云门。位于胸前壁外上方，肩胛骨喙突上方，锁骨下窝（胸大肌与三角肌之间）凹陷处。距前正中线（璇玑）6寸。

取穴方法：锁骨外1/3折点下方一横指。两手叉腰直立，胸廓上部锁骨外侧端下缘的三角形凹窝正中处。

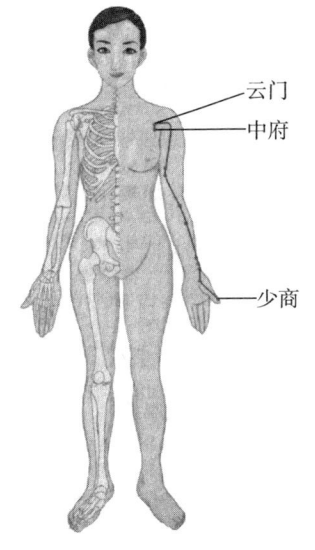

图 12-4 手太阴肺经催乳穴

功能主治：肃降肺气，清肺理气；主治肺气不宣、乳痈、产后少乳。

（2）中府。位于胸前壁的外上方，前正中线旁开6寸，平第1肋间隙处。

取穴方法：云门穴直下1寸。

功能主治：和胃利水，止咳平喘，清泻肺热，健脾补气；主治肺气不降咳喘、乳痈、产后乳汁不通。

2. 手阳明大肠经

手阳明大肠经和肺经的关系非常密切，是肺和大肠的保护者。阳明经起于食指末端，循行于上肢外侧的前缘，经过肩，进入锁骨上窝，联络肺脏，通过膈肌，入属大肠。又经颈部入下齿，过人中沟，止于鼻侧。

手阳明大肠经上的催乳穴为合谷、曲池，如图12-5所示。

（1）合谷。位于虎口顶端。

取穴方法：

1）一手的拇指第一个关节横纹正对另一手的虎口边，拇指屈曲按下，指尖所指处。

2）将拇指和食指张成45°角时，位于骨头延长角的交点处。

功能主治：降血压，行气血，通经络，清滞瘀；镇惊安神，调整机能；主治气血瘀滞所致病症及颜面疾病。

（2）曲池。位于肘横纹顶端。

取穴方法：正坐、侧腕曲肘，肘横纹外侧端，即肱骨外上髁内缘凹陷处（髁为骨头上突起的部分）。

功能主治：健脾胃、通经络；对消化系统、血液循环系统、内分泌系统等均有明显的调整作用。

3. 足阳明胃经

足阳明胃经属于胃，络于脾，和胃的关系最为密切，是关于消化系统的非常重要的经穴，维系着人的后天之本。它始于头部鼻旁，循行经额颅中部、颈部，进入锁骨上窝部，再向下经胸、腹、下肢以至足尖，是一条非常长的经脉。

足阳明胃经上的催乳穴为屋翳、膺窗、乳中、乳根、梁丘、足三里，如图12-6所示。

第十二章　促进泌乳的中医技术方法

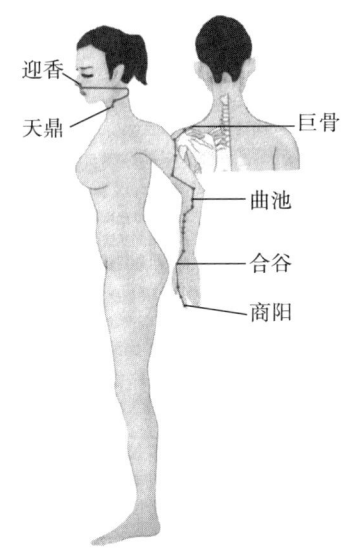

图 12-5　手阳明大肠经催乳穴

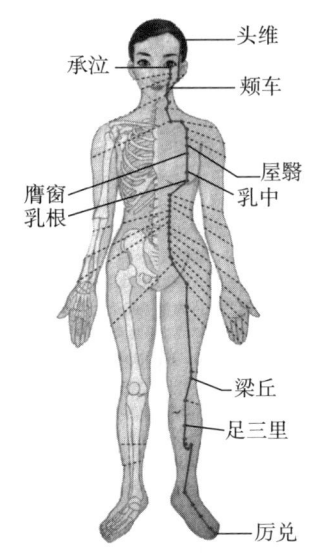

图 12-6　足阳明胃经催乳穴

（1）屋翳。位于第二肋间隙，有胸大肌，胸小肌，深层为肋间内外肌；有胸肩峰动、静脉分支；布有胸前神经分支。

取穴方法：在人体的胸部，当第 2 肋间隙，距前正中线 4 寸。

功能主治：主治咳嗽，气喘，咳唾脓血，胸肋胀痛，乳痈。

（2）膺窗。位于胸部前正中线旁开 4 寸，乳头上方，第 3 肋间隙凹陷处。

取穴方法：锁骨中点下缘与乳头（乳中）连线的下 1/4 折点处。

功能主治：宽胸、理气、丰乳通乳；主治胸肋胀满，产后少乳。

（3）乳中。位于乳头正中央。常配乳根按摩通乳。

（4）乳根。位于人体的胸部，乳房根部，当第 5 肋间隙，距前正中线 4 寸。

取穴方法：在乳头中央直下一肋间处。

功能主治：宣肺理气、通乳化瘀；主治乳痈，产后少乳。

（5）梁丘。位于股直肌和股外侧肌之间。

取穴方法：屈膝，大腿前面，当髂前上棘与髌底外侧端的连线上，髌底上 2 寸。

功能主治：主治膝肿痛，下肢不遂，胃痛，乳痈，尿血。

（6）足三里。位于外膝眼下四横指、胫骨边缘。

取穴方法：左腿为例，坐椅上，用右手掌按膝盖骨正中央，轻抓膝盖。中指沿胫骨伸长,在中指尖水平画线,与食指方向延长线交汇处即是。

功能主治:健脾和胃、益气活血、疏通经络、防病保健;主治各种虚弱症。

4. 足太阴脾经

足太阴脾经是阴经,跟脏腑联系最紧密,尤其是脾、胃和心。此经脉始于大趾末端,后从胃部分出支脉,通过膈肌,流注心中,接手少阴心经。主要循行在胸腹部及下肢内侧。

足太阴脾经的催乳穴为天溪,如图12-7所示。

天溪位于胸外侧部,第4肋间隙,距前正中线6寸(乳头外2寸)。

取穴方法:将自手的虎口张开,正对乳房四指托住,拇指尖对着乳房外侧处。

功能主治:主治胸胁疼痛、咳嗽、乳痛、乳汁少。

5. 手少阴心经

手少阴心经属于心,和心脏有密切的关系,是主宰人体的重要经脉。此经脉从心中开始,出于小指末端,接手太阳小肠经。主要循行在上肢内侧后缘。

手少阴心经的催乳穴为极泉,如图12-8所示。

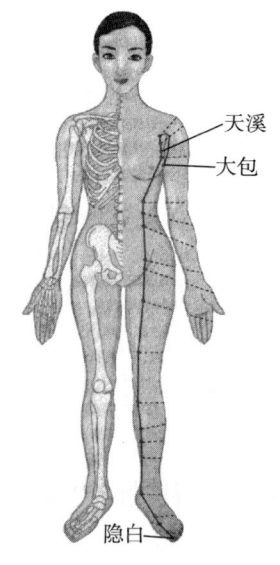

图12-7 足太阴脾经催乳穴

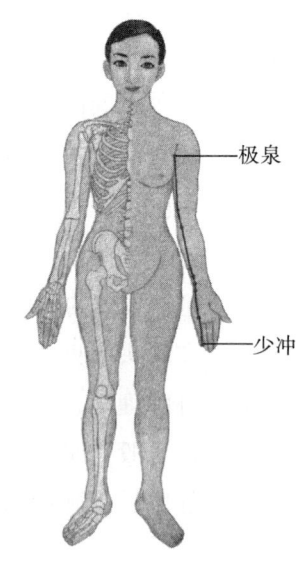

图12-8 手少阴心经催乳穴

极泉位于腋窝顶点,腋动脉搏动处。

取穴方法:曲肘,手掌按于后枕,在腋窝中部有动脉搏动处取穴。

功能主治：宽胸理气，通经活络；主治乳汁分泌不足、心脑血管疾病等。

6. 手太阳小肠经

手太阳小肠经是具有宁心安神、舒筋活络功效的经穴。经脉起于手小指尺侧端，最后经由其支脉到达颧部，与足太阳膀胱经相接，主要循行于上肢、肩膀及头部部分地方。

手太阳小肠经的催乳穴为少泽、前谷、天宗，如图12-9所示。

（1）少泽。位于手小指末节尺侧，距指甲根角0.1寸。

取穴方法：微握拳，掌心向下，伸小指，在小指尺侧，去指甲角0.1寸处取穴。

功能主治：活血通络；治疗乳痈、乳汁少等乳疾。

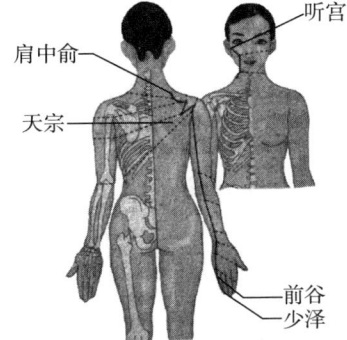

图12-9　手太阳小肠经催乳穴

（2）前谷。位于人体的手掌尺侧，有指背动、静脉；布有尺神经手背支。

取穴方法：手掌尺侧，微握拳，当小指本节（第5指掌关节）前的掌指横纹头赤白肉际。

功能主治：主治头痛、目痛、耳鸣、咽喉肿痛、乳少、热病。

（3）天宗。位于肩胛部，当冈下窝中央凹陷处，在冈下窝中央冈下肌中；有旋肩胛动、静脉肌支，布有肩胛神经；与第四胸椎相平。

取穴方法：左手搭上右肩，左手掌贴在右肩膀二分之一处，中指指尖位置即是。

功能主治：散风、舒筋、止痛；主治乳腺增生、急性乳腺炎、肩肘臂的疼痛、慢性支气管炎。

7. 足太阳膀胱经

足太阳膀胱经是十四经络中最长的一条经脉，几乎贯穿整个身体。此经脉起于内眼角睛明穴，止于足小趾端至阴穴，循行经过头、颈、背部、腿足部。

足太阳膀胱经上的催乳穴为膈俞、肝俞、脾俞、肾俞，如图12-10所示。

（1）膈俞。位于背部第七肋旁。

取穴方法：第七胸椎棘突下，旁开1.5寸。

功能主治：活血化瘀、散热化血；主治贫血、皮肤过敏、产后少乳等疾病。

（2）肝俞。位于背部第九胸椎旁。

取穴方法：背部第九胸椎棘突下，旁开1.5寸。

功能主治：疏肝利胆，理气通络，止痉，退热，止痛；常用于治疗急慢性肝炎、胆囊炎、结膜炎、产后少乳等。

（3）脾俞。位于背部第十一胸椎旁。

取穴方法：背部第十一胸椎棘突下，旁开1.5寸。

功能主治：健脾和胃、益气利湿；主治胃肠消化不良，乳汁不通等。

（4）肾俞。位于人体的腰部第二腰椎旁。

取穴方法：采用正坐或俯卧姿势，当第二腰椎棘突下，左右1.5寸（二指宽）处。

功能主治：强肾补肾；主治腰痛、白带、月经不调、产后乳汁不通等。

8. 足少阴肾经

足少阴肾经是人体的先天之本，是与人体脏腑器官有最多联系的一条经脉。它起于足底，止于胸前的俞府穴，主要循行于下肢的内侧和躯干的前面，沿前正中线的两侧。

足少阴肾经上的催乳穴为神封，如图12-11所示。

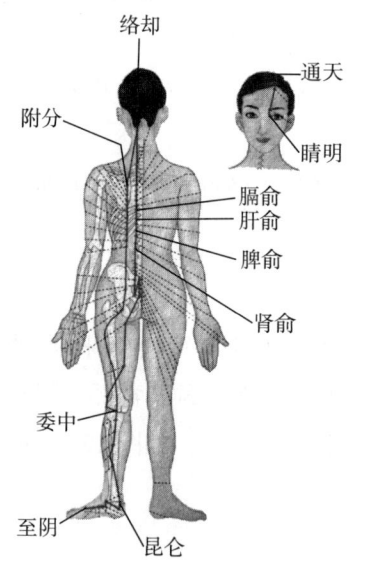

图12-10　足太阳膀胱经催乳穴

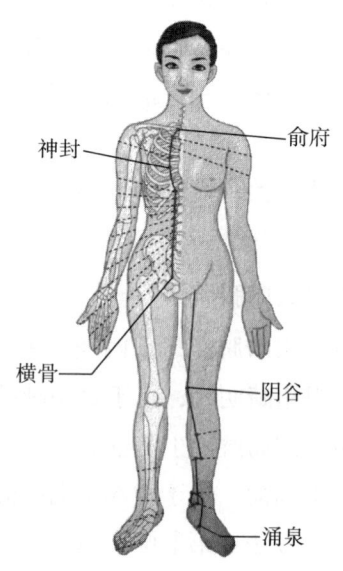

图12-11　足少阴肾经催乳穴

神封位于胸部,当第四肋间隙,前正中线旁开 2 寸。

取穴方法:仰卧位,在第四肋间隙中,膻中(任脉)旁开 2 寸处取穴。或两乳头连一直线,中点为膻中,膻中至乳头中间为神封。

功能主治:降浊升清;主治咳嗽,气喘,胸胁支满,乳少、乳痈。

9. 手厥阴心包经

手厥阴心包经是心脏的保护神,能够替心承受侵袭。它起始于胸腔,浅出属于心包,通过膈肌,经历胸部、上腹和下腹,散络上、中、下三焦。

手厥阴心包经上的催乳穴为天池,如图 12-12 所示。

天池位于胸部,当第四肋间隙,前正中线旁开 5 寸。

取穴方法:平卧,乳头外 1 寸。

功能主治:活血通络、宽胸挺乳;主治咳嗽气喘,胁肋胀痛,瘰疬,乳痈。

10. 手少阳三焦经

手少阳三焦经又称为"耳脉",是耳朵的忠实守护者。它分布于人体体侧,起始于无名指末端的关冲穴,上行小指与无名指之间,沿手背出于前臂伸侧两骨之间,向上通过肘尖,沿上臂外侧,向上通过肩部,进入缺盆穴,分布于膻中。

手少阳三焦经上的催乳穴为阳池,如图 12-13 所示。

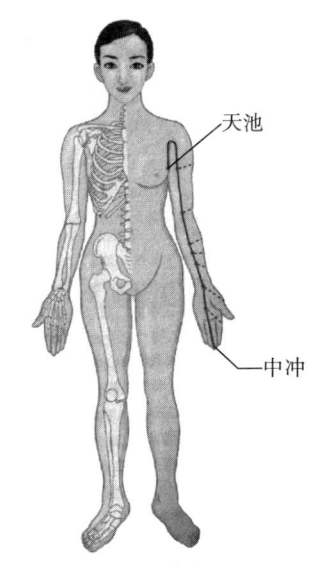

图 12-12　手厥阴心包经催乳穴

阳池位于手腕部位,腕背横纹中,前对中指、无名指指缝,在指总伸肌腱的尺侧缘凹陷处。

取穴方法:俯掌,位于第 3、4 掌骨间直上与腕横纹交点处凹陷中取穴。

功能主治:生发阳气,沟通表里,清热通络,通调三焦,益阴增液。

11. 足少阳胆经

足少阳胆经在身体上循行的路线最长,沿着经络循行刺激能够改善气血的运行。它起始于外眼角,走在身体的两个侧面,从小腿到上身,再到脖子和头部。

足少阳胆经上的催乳穴为风池、肩井、渊腋、足临泣,如图 12-14 所示。

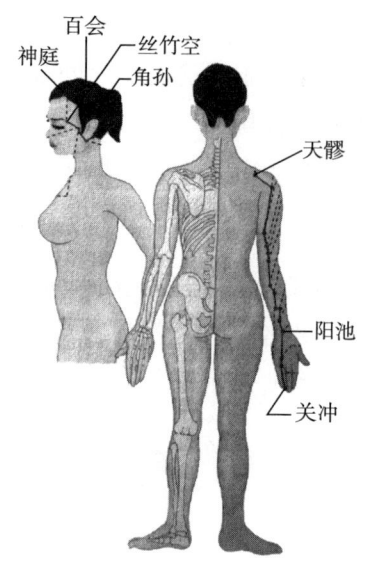

图 12-13　手少阳三焦经催乳穴　　　图 12-14　足少阳胆经催乳穴

（1）风池。位于颈部，胸锁乳突肌与斜方肌上端之间的凹陷中。

取穴方法：正坐，平两耳垂，枕骨之下凹陷处。

功能主治：壮阳益气；主治头痛、落枕、失眠、宿醉，产后虚弱少乳。

（2）渊腋。位于侧胸部腋下第 4 肋间隙中。

取穴方法：举臂，当腋中线上，腋下 3 寸。

功能主治：宽胸理气；主治胸满、臂痛，乳痈、产后少乳。

（3）肩井。位于大椎穴与肩峰连线中点，肩部最高处。

取穴方法：正坐、俯伏或者俯卧时大椎与肩峰端连线的中点；或乳头正上方与肩线交接处。

功能主治：疏通经络；主治肩背痛、乳痈等。

（4）足临泣。位于足背外侧，当第 4、5 趾间，趾蹼缘后方赤白肉际处。

取穴方法：采用仰卧的姿势，在足背外侧，第 4 趾、小趾跖骨夹缝中。

功能主治：运化风气，冷降水湿；主治头痛，目外眦痛，目眩，乳痈，瘰疬。

12. 足厥阴肝经

足厥阴肝经循行路线不长，穴位不多，但在护身卫体方面起着很大的作用。它起于脚大拇趾内侧趾甲边缘上，向上到脚踝，然后沿着腿的内侧面向上走,在肾经和脾经的中间,最后到达肋骨边缘。

足厥阴肝经上的催乳穴为期门、太冲,如图12-15所示。

(1)期门。位于前正中线旁开4寸,第6肋间。

取穴方法:乳头直下,第6肋间隙与巨阙穴(脐上6寸)齐平。

功能主治:通经活络、宽胸理气;主治胸痛、心悸、乳痈、少乳。

(2)太冲。位于足背,第1、第2跖骨间,跖骨结合部前方凹陷中,或触及动脉波动处。

取穴方法:正坐垂足,于足背第一、第二跖骨之间,跖骨底结合部前方凹陷处,当拇长伸肌腱外缘处即是。

功能主治:平肝息风、清热利湿、通络止痛;主治乳腺炎、高血压、头痛头晕、失眠、月经不调、功能性子宫出血、子宫收缩不全。

13. 督脉

督脉起于小腹内胞宫,体表出曲骨穴,向下过会阴部,向后行于尾骶部的长强穴,沿人体后背上行,经颈后部至风府穴,进入脑内,沿头部正中线,上行至巅顶百会穴,经前额下行鼻柱至鼻尖的素髎穴,过人中,至上齿正中的龈交穴。

督脉上的催乳穴为百会、神庭,如图12-16所示。

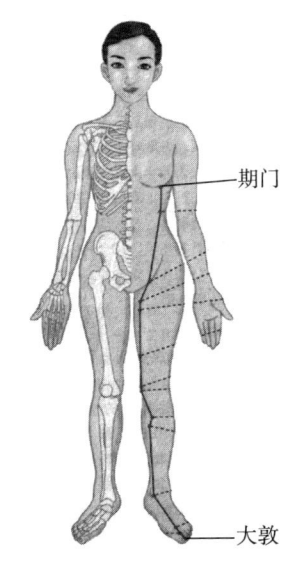

图12-15 足厥阴肝经催乳穴

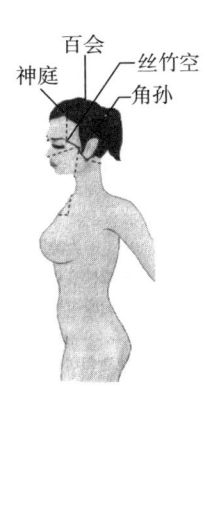

图12-16 督脉催乳穴

(1) 百会。位于头顶正中。

取穴方法：头顶正中线与两耳尖联线的交点处。

功能主治：安神定志、升阳举陷、通络止痛，是治疗多种疾病的首选穴，医学研究价值很高。

(2) 神庭。位于头前部入发际五分处。

取穴方法：当前发际正中直上 0.5 寸。

功能主治：调控神经系统；主治惊悸、失眠、头晕目眩、神经官能症、记忆力减退、精神分裂症、产后抑郁少乳等症。

14. 任脉

任脉属于奇经八脉穴，起于小腹，交会于督脉，再分别通过鼻翼两旁，止于眼眶，交于足阳明胃经。

任脉上的催乳穴为膻中、中脘，如图 12-17 所示。

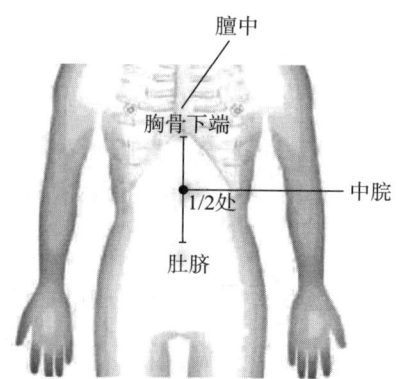

图 12-17　任脉催乳穴

(1) 膻中。位于前正中线上，平第 4 肋间。

取穴方法：胸部正中线上，两乳头连线的中点。

功能主治：宽心顺气、丰胸通乳；主治咳嗽、气喘、产妇少乳。

(2) 中脘。位于上腹部，脐中上四寸。

取穴方法：采用仰卧的姿势，胸骨下端和肚脐连接线中点即是。

功能主治：宽心顺气、丰胸通乳；主治咳嗽、气喘、产妇少乳。

第三节　刺激泌乳量的中医手法

中医学认为人是统一的有机体，脏腑相关、经络相连、气血相通，全身情况的好坏是决定泌乳功能正常与否的关键。若产妇精神饱满、体力充沛、情绪愉快、食欲旺盛，对母乳喂养充满信心，就一定乳汁充足；相反，若产妇全身情况不好，经络不畅通，使机体阴阳失调、脏腑功能紊乱、气血运行失常、情

第十二章 促进泌乳的中医技术方法

志不舒等,既会减少泌乳量又影响产妇健康。

根据中医的人体经络穴位来针灸乳房的各个穴位,达到催乳的目的在我国历史悠久,是我国中医学的精华所在。泌乳顾问通过穴位的按摩手法来代替针灸,也可以达到刺激乳腺泌乳的效果。因此,泌乳顾问对泌乳相关的中医知识进行系统学习,积累丰富的取穴按摩的操作经验。

一、中医按摩手法简述

女性产后无乳或泌乳不足的催乳方法除增加婴儿吸吮、促进乳汁移出外,还有中医按摩、食疗、心理等几种方法。中医按摩手法是中医外治等技术在泌乳领域的应用,历史悠久,效果显著,因其安全、绿色、简单的特点被广泛应用。对产妇相关穴位进行按摩,有促进乳房血液循环、乳房感觉神经的传导和泌乳作用。

1. 中医腧穴按摩简介

按摩是中医外治疗法的一种,以中医理论,特别是脏腑经络学说为指导。人体体表的经络、穴位与内脏之间存在着有机的内在联系,如果气血顺利运行,人自然身体健康;如果气血运行受阻,人就产生疾病。推拿按摩疗法就是在人体经腧穴及一定部位上,施以特定的操作手法来防止疾病、保健强身的方法。推拿按摩疗法能够使经络畅通、阴阳平衡,从而使人保持一个健康状态。内脏有病也可以通过经络反映到体表,对体表经络、穴位进行按摩刺激,通过经络将治疗疾病的"信息"传达给有病的脏腑,从而起到治疗作用。按摩的总原则是补虚、泻实,通过补或泻使失衡的机体重新趋向平衡。按摩疗法安全,应用范围广,但要达到因人、因病施治,对按摩者的手法要求也很高。

按摩治疗的过程是:手法刺激体表(点、线、面),通过经络系统传达力、能、信息,从而调节人体脏腑组织器官的功能,使系统功能趋于平衡。按摩要达到理想的治疗效果,必须要注重两个方面的因素:一是按摩部位的选择精当,二是操作手法应用到位。

2. 按摩的手法分类

按摩手法的种类很多,根据动作形态,按摩手法可归纳为:摩擦类、挤压类、摆动类、振动类、叩击类、运动关节类六类手法。如果将两种或两种以上不同种类手法结合起来应用,就组成了复合手法。常用的复合手法有按揉、点揉、拿揉、牵抖、压颤、叩击等。

（1）推法。用指、掌或肘着力于机体的一定部位，做单方向的直线移动，如图12-18所示。

（2）摩法。用指或掌在体表做环形摩擦移动，如图12-19所示。

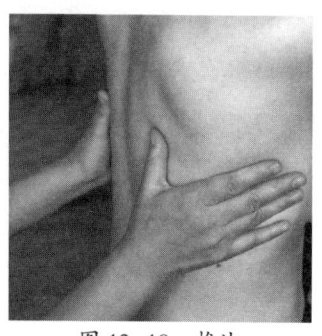

图12-18　推法

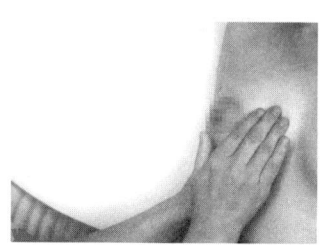

图12-19　摩法

（3）按法。用手指或手掌面着力于体表一部位或穴位上，逐渐用力下压，有指按法和掌按法之分，如图12-20所示。

（4）点法。用指端、肘尖或屈曲的指关节突起部分着力，点压在一定部位，如图12-21所示。

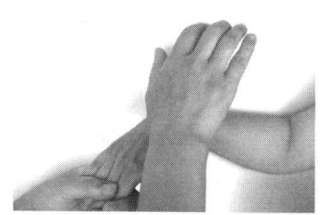

图12-20　按法

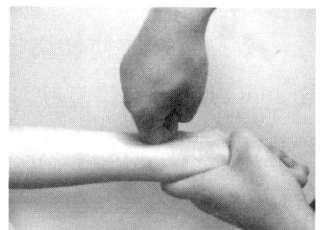

图12-21　点法

（5）捏法。用拇指和其他手指在一定部位做对称性的挤压，如图12-22所示。

（6）拿法。用拇指和其余四指相对用力，提捏一定部位，如图12-23所示。

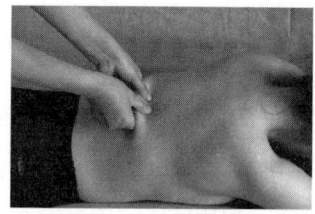

图12-22　捏法

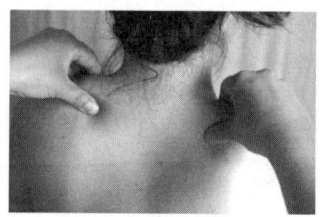

图12-23　拿法

（7）揉法。用指、掌和前臂固定于一定部位，做轻柔缓和的环转运动，并带动该处的皮下组织，如图12-24所示。

（8）滚法。用小鱼际侧部或指关节部附着于一定的部位上，通过腕关节的屈伸和前臂的摆动、旋转运动，使滚动产生的力持续作用于操作部位上，如滚后背的膀胱经的腧穴，如图12-25所示。

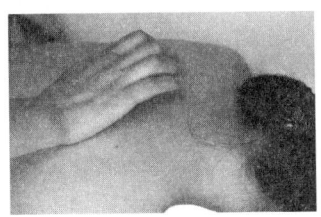

图12-24 揉法

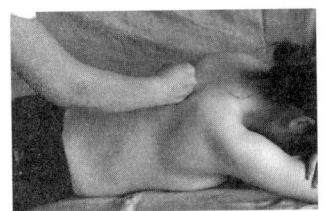

图12-25 滚法

（9）叩击法。叩法和击法结合运用的手法，如叩击后背，如图12-26所示。

（10）弹拨法。拇指深按于治疗部位，做如弹拨琴弦样的往返拨动，如弹拨极泉，如图12-27所示。

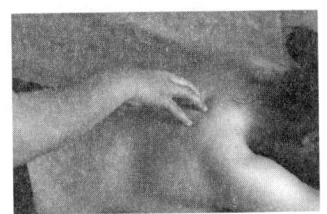

图12-26 叩击法

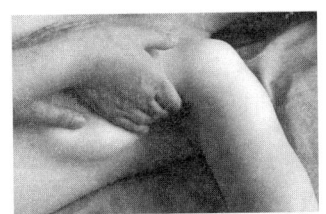

图12-27 弹拨法

3. 按摩的补泻手法

一般而言，凡是促进兴奋、营养、激发、扶正、升温作用的手法均属补法；凡是起到抑制、疏散、通畅、祛邪、降温作用的手法均属泻法。补泻手法的作用虽然有异，但目的一致，均为调整阴阳、平衡气血、疏通经脉、法邪强身，以达到机体内外环境的相对稳定。补泻可分为轻重补泻法、方向补泻法、迎随补泻法、平补平泻法等。实验证明，缓和轻微的连续刺激可兴奋周围神经、抑制中枢神经；急速、较重的短时刺激可兴奋中枢神经、抑制周围神经。根据这一生理特点，针对不同的病理变化应采取相应补泻手法，可以提高按摩的效果。

（1）轻重补泻法。补法是较轻刺激的按摩手法，手法柔和、轻快、时间短促，例如轻揉、轻按能疏通气血，扶正补虚。泻法是重刺激的按摩手法，手法重而强，用力由轻入重，作用时间长。产后乳少适宜用补法，轻柔地按摩穴位，时间可较长；产后乳汁淤积应用泻法，能止痛活血，以疏散凝滞结聚，开导闭塞肿胀，减轻疼痛。

（2）方向补泻法。按摩时，以中指、食指、拇指或大鱼际按摩某一部位或穴位，顺时针旋转为补；以拇指、中指并按两穴，或以食指、中指和无名指并按三穴，顺时针旋转亦为补法。

以中指或食指按住某一部位或穴位，逆时针旋转为泻；以拇指、中指并按两穴，或以食指、中指和无名指并按三穴，逆时针旋转亦为泻法。

（3）迎随补泻法。按摩时，需通而补者，应顺其经脉的走向进行按摩，如在有关的经脉下段，顺着经脉方向，在穴位上进行短时间的轻快手法按摩，或顺其经脉方向施以推法、揉法，以使气血通畅，使虚衰的组织器官恢复正常的机能活动。需行而泄者，应逆其经脉的走向进行按摩，如在有关的经脉上段，逆着经脉的方向，在穴位上进行长时间的重手法按摩，或逆其经脉方向施以重力推法，或用压法，要逆着经脉的方向揉动，借使方盛的病势在经脉上恢复平衡。

（4）平补平泻法。按摩时，以中指或拇指按住某一部位或经穴，逆时针旋转半圈，顺时针旋转半圈，往返旋转为平补平泻手法；以拇指、中指并按两穴，或以食、中、无名指并按三穴，逆时针旋转半圈，顺时针旋转半圈，往返旋转亦为平补平泻手法；手指平放在穴位上左右旋转捻动，或五个手指并拢用指腹左右旋转捻动，亦为平补平泻手法。躯干、四肢按摩时，需通行经络者，应先顺经推或顺经按摩；稍停，再逆经推，或逆经按摩，往返推送按摩，可以活血调气。

二、刺激泌乳的中医按摩手法要求

1. 柔和

指手法操作时，动作要稳、柔、灵活，用力要适宜，手法变换自然，轻而不浮，重而不滞。

2. 均匀

指手法操作时，运动速度的快慢、动作幅度的大小、手法压力的轻重、手法压力的变化，都要保持相对一致。运动的速度不可忽快忽慢，幅度不可时大时小，用力不可时轻时重，压力的变化不可时缓时急，应使手法操作既平稳又有节奏性。

3. 持久

指操作手法要按规定的技术要求和操作规范持续运用，保持动作和力量的连贯性，并维持一定的时间，以使手法的刺激积累而产生良好的作用。

4. 有力

指手法在操作时必须具备一定的力度和功力，使手法具有一定的刺激量。力不是指单纯的力量，而是一种功力或技巧力，而且这种力也不是固定不变的，而是要根据对象、部位、手法性质以及季节变化而变化。

5. 深透

指手法作用于体表，其刺激能渗透至深层的筋脉、骨肉甚至脏腑。

三、常见泌乳问题的中医按摩手法

女性由于特殊的生理特性，患病因素常较男性更为复杂繁多，且多掺杂情志因素，故有"妇人感病倍于男子"之说。乳汁的产生，有赖于心、肝、脾等脏的协同作用，也离不开气、血、津液以及经络的调和输布，产后女子的乳汁多寡往往与这些因素有着密切的关系。

1. 缺乳

产后乳汁甚少或全无，称为"缺乳"，亦称"乳汁不足""乳汁不行"。缺乳多因身体虚弱，气血生化之源不足；或因肝郁气滞，乳汁运行受阻所致；亦有劳逸失常、精神紧张、哺喂方法不当等因素。

现代医学中，缺乳多见于泌乳延迟、生理性乳胀、泌乳量不足等情况。

（1）气血虚弱型

1）表现。乳汁量少或全无，质清色淡，乳房空虚，柔软不胀，伴有面色无华、食少倦怠、舌淡苔少。

2）治则。补血滋液，益气通络。

3）手法。推拿按摩可选足阳明胃经所过为主，以膻中、乳根、脾俞、足三里等为主穴，手法用补法，推拿以点、按、揉等手法，宜轻宜缓。

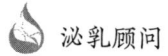

（2）肝郁气滞型

1）表现。乳汁量少或全无，乳房胀满而痛，甚或牵扯至腋下胸胁，伴有郁闷烦躁、舌苔薄黄。

2）治则。疏肝解郁，通络下乳。

3）手法。推拿按摩可选足厥阴肝经所过为主，以膻中、乳根、少泽、内关、太冲等为主穴，手法用泻法，推拿以点、按、揉等手法，宜疏导为主。

2. 溢乳

产后不经婴儿吮吸，乳汁自然流出者，称为"溢乳"，亦称"乳汁自出""乳出""漏乳""乳汁自涌"。溢乳多因气虚血弱，阳明之气不足，固摄无力所致，治宜以补中益气、养血柔肝、固摄敛乳；也有肝经郁热，疏泄失常，迫乳外溢者，多伴乳房胀痛，治宜疏肝解郁、清热养阴、敛乳散结。

现代医学中，溢乳多见于乳汁淤积、泌乳过量等情况。身体健壮，气血充盛而泌乳充沛，乳汁由满而溢者，为正常状态，不在此列。

（1）气血虚弱型

1）表现。乳汁量少或全无，质清色淡，乳汁点滴而出，乳房空软，气短神疲，舌淡苔薄。

2）治则。益气补血，固摄敛乳。

3）治法。推拿按摩之法参考缺乳篇。

（2）肝经郁热型

1）表现。乳汁自出，量多质稠，乳房胀满而痛，甚或牵扯至腋下胸胁，伴有抑郁烦躁、心悸多梦、尿黄便秘，舌红，苔薄黄。

2）治则。疏肝解郁，清热敛乳。

3）治法。按揉局部排乳加上清肝泄热的穴位，比如期门、章门、太冲、行间、少泽、少府、曲泽等。

3. 乳痈

乳痈指乳房局部出现红肿疼痛甚至破溃流脓，亦称"乳吹""吹乳"，出现在妊娠期称则称为"内吹"，出现在哺乳期则称为"外吹"，余者统称为"乳痈"。临床常见于急性乳腺炎、化脓性乳腺炎、非哺乳期乳腺炎等症。

（1）肝郁胃热型

1）表现。乳汁分泌不畅，乳房局部肿胀疼痛，可触到有硬块或硬结，伴恶寒发热,头痛。

2)治则。疏肝清胃,通乳消肿。

3)手法。推拿时胃热重者可选膺窗、上巨虚、丰隆、温溜等为主穴,以泻胃热,清热邪;肝郁重者选期门、行间、内关、天池、肩井等为主穴,以疏肝清热,散结消肿。推拿手法以泻法为主,宜轻宜缓,以排乳疏络为要。

(2)热毒炽盛型

1)表现。乳房局部发红灼热跳痛,高烧不退,口渴便秘,舌红苔黄或黄腻。

2)治则。清热解毒,托里透脓。

3)方法。应转介产妇去正规医院就诊。

(3)正虚邪恋型

1)表现。顺证表现红肿消失,疼痛减,发热退,可痊愈;逆证表现肿不消,痛不减,热不退,为传囊,或乳汁从疮口而出,为乳漏。

2)治则。顺证以排脓托毒为法。

3)方法。应转介产妇去正规医院就诊。

四、刺激泌乳的中医按摩手法流程

催乳按摩手法由两个部分组成,即全身经络穴位按摩及乳房局部按摩。这两个部分形成有机的整体,遵循先整体再局部的按摩顺序,先进行全身经络的疏通,再进行乳房局部穴位与催乳按摩手法,促进乳房气血循环。

1. 产妇全身经络穴位按摩手法流程

按摩前,产妇应先着宽松舒适的衣服,喝适量的温水,安抚好婴儿,必要时可请家人协助照看婴儿,以达到放松的心理状态。

采取舒适的坐位姿势,手部及上肢穴位按摩手法:依次点按合谷、前谷、少泽、曲池、肩井、头部及肩部穴位,如图12-28、图12-29、图12-30、图12-31所示。

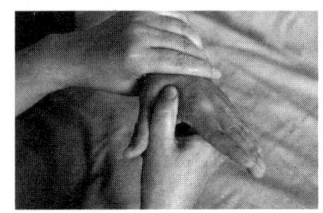

图12-28 点按合谷

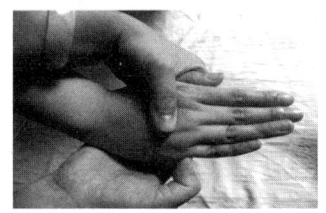

图12-29 点按前谷

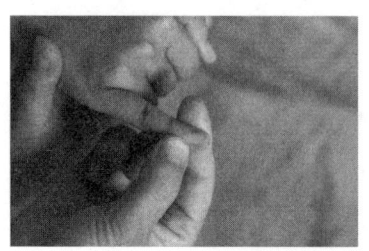

图 12-30 点按少泽

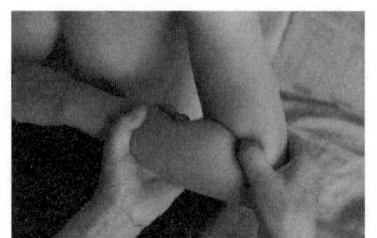

图 12-31 点按曲池

按摩手法：依次用按揉法按摩神庭、百会、风池、肩井。右手五指伞形展开，稍用力，从头前额神庭开始，逐渐移至百会，再移至风池，反复做 5～8 次，如图 12-32、图 12-33、图 12-34 所示。双手拿肩井 2 min，如图 12-35 所示。

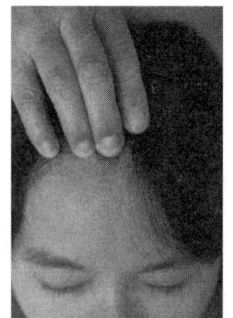

图 12-32 按压神庭

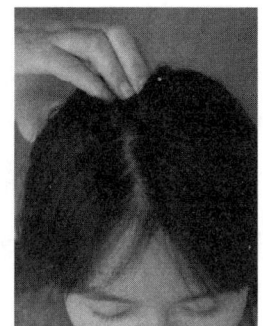

图 12-33 按压百会

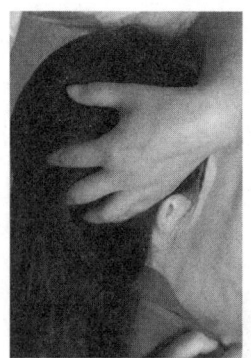

图 12-34 按压风池

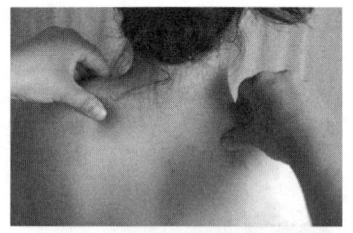

图 12-35 拿捏肩井

采用放松的仰卧式，腹部穴位按摩手法：点按揉中脘、神阙，并摩腹 1 min。

下肢及足部按摩手法：点按梁丘、足三里、足临泣、太冲各 20～30 次，如图 12-36、图 12-37 所示。

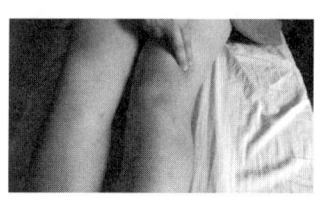

图 12-36　按揉梁丘

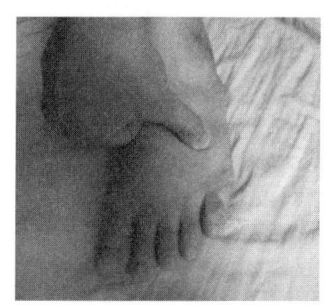

图 12-37　按揉足临泣

胸部按摩手法：两手搓热，三指按揉膻中 1 min。点按云门、中府，按揉乳中、乳根、天池、天溪、屋翳、渊腋、膺窗、神封，共计 2～5 min，弹拨极泉 3～5 次，如图 12-38～图 12-48 所示。

完成全身经络穴位按摩后，可以稍微休息调整，然后开始进行乳房泌乳按摩手法。

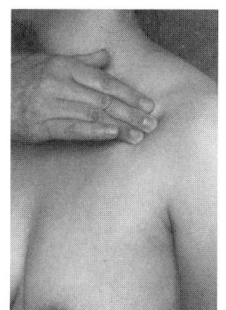

图 12-38　点按云门

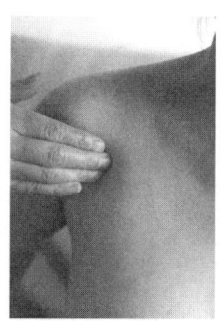

图 12-39　点按中府

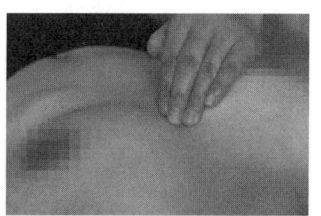

图 12-40　按揉膻中

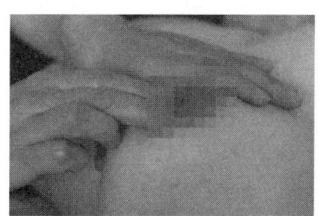

图 12-41　按揉乳中

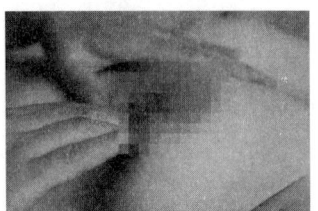
图 12-42 按揉乳根

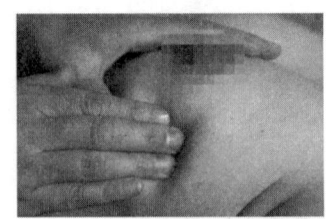
图 12-43 按揉天池

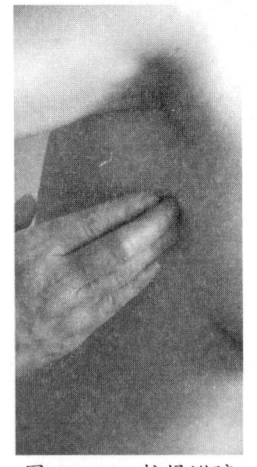
图 12-44 按揉渊腋

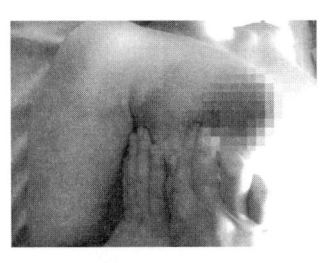
图 12-45 按揉天溪

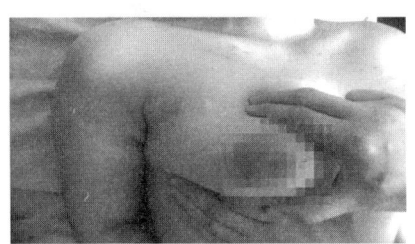
图 12-46 按揉屋翳

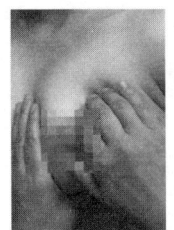
图 12-47 按揉膺窗

2.产妇乳房按摩手法流程

产妇仰卧,泌乳顾问一只手托住乳房,另一只手拇指在下,食指、中指在上,像婴儿吸吮状,轻轻捏拿乳头 2 min 以刺激喷乳反射,引起催乳素的分泌;用同样的方法按摩另一侧乳头。

捏拿乳头:按摩乳晕,一只手托起乳房,另一只手三指并拢,在乳晕和乳头处施以轻柔地揉法,以引起喷乳

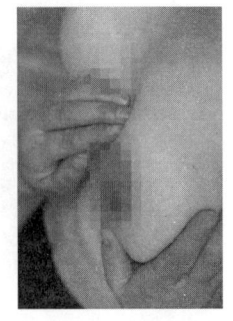
图 12-48 按揉神封

反射。

按摩整个乳房。一只手托住乳房,另一只手除拇指外,其他四指用指腹在从乳房外侧边缘向乳晕方向轻梳按摩 5 min,促进乳房血液循环、乳房感觉神经的传导和泌乳。

拿捏胸大肌 3~5 次(见图 12-49),配合弹拨腋下(见图 12-50),揉乳房外侧正中,腋前线下部位置,疏通经络,促进乳汁分泌、血液循环以及淋巴回流。

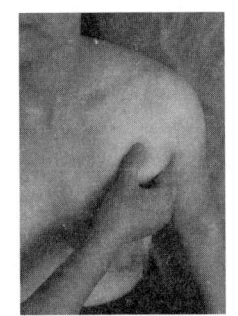

图 12-49　拿捏胸大肌

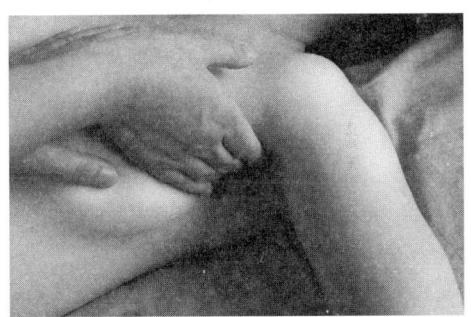

图 12-50　弹拨腋下

继续在乳晕和乳头处施以指揉、指摩、指梳等手法,直至乳汁从乳头流出,用手挤奶的方法排出乳汁(见图 12-51)。泌乳顾问可以根据产妇泌乳情况,刺激多次喷乳反射,以达到刺激泌乳、排出乳汁、通畅乳腺管、催乳的目的。

3. 按摩的结束手法

按摩结束前,泌乳顾问需指导产妇用清洁乳房及上半身。产妇由仰卧位变为坐姿时,用双手搓摩胁肋 1 min,对膈俞、肝俞、脾俞、肾俞施滚动的手法 5 min(见图 12-52、图 12-53、图 12-54)。自上而下拍打梳理后背 10 次,以畅通全身经络,达到放松身心的目的。

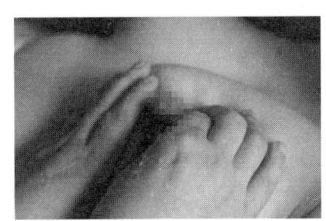

图 12-51　排出乳汁

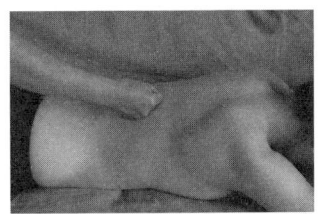

图 12-52　滚肝俞

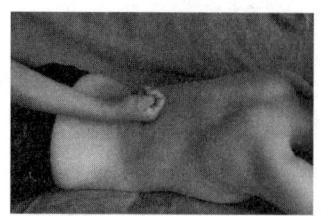
图12-53 滚脾俞

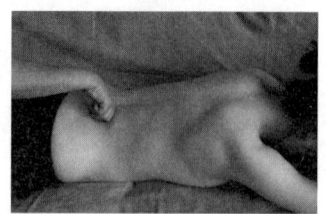
图12-54 滚肾俞

五、刺激泌乳的中医手法注意事项

（1）泌乳顾问应谨慎应用按摩手法，需要系统学习中医经络穴位定位、哺乳期乳房的解剖和泌乳机理，并且经过专业的训练后方可操作。如果按摩取穴和手法不当，不仅达不到预期催乳的效果，还可能伤害到产妇。

（2）每对母婴都是独特的个体，刺激泌乳及催乳需要具体问题具体分析，按摩催乳的效果因人而异。

（3）按摩前需要对产妇及家属做好手法解释工作，争得其同意方可进行按摩。

（4）按摩过程中须与产妇和谐沟通。产后由于激素水平的变化，产妇可能会产生担心、紧张、恐惧、烦躁、抑郁等心理，不良的情绪对泌乳会产生一定影响。泌乳顾问在按摩过程中可以适当倾听和进行心理疏导，表达鼓励与关怀，一起讨论喂养困难的原因，当喂哺婴儿时，在技术上给予实际的帮助。

（5）按摩后可以将简单的穴位和手法传授给产妇本人和家属，演示手法及穴位按摩的要领。产妇可以配合自我按摩，增强产妇母乳喂养的自信心。另外母乳喂养的成功离不开家庭成员积极支持的态度。鼓励新爸爸参与母乳喂养，日常给予产妇身体的穴位按摩。

（6）不同的年龄、体型、乳房形态的女性，在进行按摩时手法应稍有不同，因人而异，适度进行。在实施按摩补益时，要按照轻、缓为补的总原则，根据产妇的具体情况，把各方面的因素综合起来考虑，确定按摩的手法、力度和持续时间。按摩时，要注意顺序，用力要由轻到重，再逐渐减轻至结束。

（7）按摩时应调匀呼吸、集中注意力，努力做到心到、意到、气到、力到，仔细观察和了解产妇的感受及机体的反应，以调整和改变手法。

（8）要精力集中连续完成催乳按摩的全身及乳房局部按摩的全部程序，以确保按摩补益的效果，不可按按停停或随意中断。

（9）穴位按摩具有简便、有效的特点，如能选择适当的时间，将会收到更好的效果，时间太短，太长都达不到理想的效果。

（10）介质有可能引起过敏，使产妇皮肤起红疹，还会有瘙痒等过敏反应。为了安全，哺乳期进行穴位及乳房按摩时，不需要使用任何介质，较轻的手法不会引起局部皮肤损伤。

（11）按摩要注意选择温暖无风的舒适环境，可以借助毛毯、浴巾等达到保暖及保护产妇的隐私的目的。夏天按摩时，不可将电扇、空调的风直对产妇以免着凉。

（12）为了按摩顺利进行，取得良好的效果，泌乳顾问的体位应便于操作，一般为坐位，产妇也应处于肌肉充分放松的状态。

（13）泌乳顾问的双手应保持清洁、温暖，指甲应修剪，手上不戴任何装饰品，以免损伤产妇的皮肤。

（14）泌乳顾问平常可以在自我经络穴位上进行按摩练习，在注意力集中、呼吸均匀的情况下，细心体会机体在实行了自我按摩后的反应、变化，从而及时调整按摩手法、力度、频率等，以收到预期的效果。

（15）按摩一般宜安排在早晚进行，效果尤佳。历代养生家认为，早晨是阳气生发之时，此时实施按摩可以外引阳气，振奋精神；晚上按摩则有利于消除疲劳，促进睡眠，提高睡眠的质量。

第四节　中草药与食疗催乳应用

一、产妇常用中草药简述

通过中草药进行催乳的方法在我国历史悠久，是我国中医医学精华的凝聚。中草药的应用和发展如同中医学一样，经历了漫长的实践过程。从原始时代对饮食与病痛之间关系的辨别，到远古时代的对特定类品的口尝身受、试验积累，再到两千年来的文字记录、总结提炼，到今天，我国的中医药学源远流长，浩博精深。

但是泌乳顾问在向母亲介绍时，需要强调中草药物催乳需在专业医师的指导下使用，到正规的医院就诊。除了中草药，中医里还有很多食用药食同源的食材,就是食用一些有催乳作用的食品或食物以达到催乳的目的,食疗这个方法比较经济和安全。

二、中医食疗与药膳的原则

食疗和药膳的概念常被人们混淆,二者既有区别,又有联系。

食疗是研究养身保健、防病治病、延年益寿的一门学科,不加药物;药膳是在中医辩证配膳理论指导下,由药物、食物和调料三者精制而成的一种既有药物功效,又有食品美味,用以防病治病、强身益寿的特殊食品。

1. 因人制宜

不同人体的素质禀赋、体质强弱、性格类型各不相同,各人之嗜好也不一样,即使为同一人体,一生中各个时期的体质及血气盛衰也有所变化。进行食疗时,必须充分考虑这些情况,区别对待,采取最适宜的食疗方案。不同性别、不同年龄、不同身体形态的人,其饮食宜忌有所不同。例如体胖的人多痰湿,适宜多食清淡化痰的食物;体瘦的人多阴虚,血亏津少,宜多吃滋阴生津的食物。

2. 因时制宜

人与自然界是息息相关的整体,季节有春、夏、秋、冬之分,气候变化,寒热温凉,对人体的生理、病理变化会产生一定的影响。食物也有不同的四性、五味,人们日常生活饮食要与气候相适应,才能调养机体,健身防病。春季宜选用清淡升补的菜肴:春天气候渐暖,饮食既不能过温,也不能过寒,选择平淡清补的食品,如蛋类、山药、萝卜等为宜。夏季宜选用甘凉清补的菜肴:夏天气候炎热,人体水分蒸发过多,津液耗伤,消化功能减弱,加之贪食生冷,极易引起消化不良,日常生活应减少肉食,选择清热生津,易消化的食物,如鱼类、粥类、蔬菜、莲藕、西瓜等。秋季宜选用生津滋补的保健菜肴:秋天气候渐凉而干燥,胃肠功能经过夏天的耗损,虽逐渐增强,但仍不宜过食荤腥油腻,防止胃肠负担过重,应选择平补生津润燥之品,配合乳制品、蛋类、梨子、苹果、香蕉和蜂蜜等。冬季宜选用辛温补阳的菜肴:冬天气候寒冷,食宜温补,增强御寒能力,如配食牛、羊、鸡肉之类,适当佐些辛辣调味之品,但不能过多,以免生痰助热。上述四季食补,若气候异常,应当酌情调整。

3. 因地制宜

我国地域广阔，各地的自然条件、人文情况各不相同，因而人们的饮食习惯、体质以致所患疾病亦各有异。因此，食疗中必须注意到地域的不同，相应地选择不同的食物。

综上所述，"三因"制宜是食疗中必须遵循的原则。泌乳顾问为产妇选用催乳食谱也要顺应四时地理，以维持机体内的阴阳平衡、气血通畅及正常功能。

4. 中草药制剂使用原则

在哺乳期女性的中草药制剂使用方面，应掌握以下几个原则。

（1）用药途径。能不用即不用，能外用不内服，能内服不静脉，能少量不多量，能短效不长效。

（2）用药范围。首选药食同源类药物；慎用苦寒、伤阴、敛乳、重镇之品；忌用有毒、含激素、含重金属等成分的药品。

（3）注意事项。须在专业医生的指导下，严格遵守配伍禁忌，辨证论治，合理组方。必要时，可在充分哺乳后，立即服药，延长哺乳间隔，避免药物浓度高峰期对乳汁成分的影响；或利用已有的相关研究数据，通过半衰期计算药物血清清除率，选择安全哺乳间隔。

三、产后常用中草药介绍

1. 通乳药

（1）通草（见图 12-55）

1）性味归经。甘、淡，微寒。归肺、胃经。

2）功能主治。清热利尿，通气下乳。用于水肿尿少，乳汁稀少，乳汁不下。

（2）王不留行

1）性味归经。苦，平。归肝，胃经。

2）功能主治。活血通经，下乳消痈。用于产后乳汁不下，乳痈肿痛。

（3）漏芦

1）性味归经。苦，寒。归胃经。

图 12-55 通草

2）功能主治。清热解毒，消痈下乳，舒筋通脉。用于乳痈肿痛，乳汁不通，治乳妇气脉壅塞，乳汁不行，及经络凝滞，乳内胀痛，留蓄邪毒，或作痈肿。

（4）路路通

1）性味归经。苦，平。归肝、肾经。

2）功能主治。祛风活络，利水通经，通利之性也能通下乳汁。用于气血壅滞，乳汁不通，水肿胀满，乳少经闭。

（5）丝瓜络

1）性味。性凉，味甘。

2）功能主治。通络，活血，祛风。用于痹痛拘挛，胸胁胀痛，乳汁不通。

（6）橘皮。为芸香科常绿小乔木植物橘及其同属多种植物的成熟果实之果皮，秋季果实成熟时收集，干燥。别名陈皮、广陈皮、新会皮。

1）性味归经。辛、苦，温。归脾、肺经。

2）功能主治。理气，调中，燥湿，化痰。用于乳痈，乳房结块。

3）用法用量。生用，3~10 g。

4）使用注意。本品辛散苦燥，温能助热，舌赤少津、内有实热者慎用。

（7）青皮。为芸香科常绿小乔木植物橘及其同属多种植物的幼果或未成熟果实的果皮，5—6月间采集、洗净、晒干；较大者用沸水烫过后十字形剖开，除去瓤肉，晒干。生用或醋拌炒用。

1）性味归经。苦、辛，温。归肝、胆、胃经。

2）功能主治。疏肝破气，散结消滞。用于肝气郁滞所致的胁肋胀痛、乳房胀痛及疝气疼痛等。治乳房胀痛或结块，可配柴胡、香附、青橘叶等品；治疗乳痈肿痛，常配瓜蒌、金银花、蒲公英、甘草等同用。

（8）枸橘。为芸香科常绿灌木或小乔木枸橘未成熟的果实，主产于江苏、浙江、四川、江西等地。8—9月果实未成熟时采摘，干燥后供药用。别名臭橘、枸橘李。

1）性味归经。辛、苦，温。归肝、胃经。

2）功能主治。破气散结，疏肝行滞。用于肝气郁结，乳房结核及疝气疼痛等。常与柴胡、香附、夏枯草等配伍以治乳房结核。

（9）蒲公英

1）性味归经。苦、甘，寒；归肝、胃经。

2）功能主治。清热解毒，消肿散结，利尿通淋，可疏通乳脉管之阻塞，促进泌乳。用于疔疮肿毒，乳痈，瘰疬，目赤，咽痛，肺痈，肠痈，湿热黄疸，热淋涩痛。可治急性乳腺炎等，对乳痈有良效，常配金银花等同用。

3）用法用量。鲜蒲公英50 g，水煎服，早晚各服1次，同时将蒲公英捣烂敷患处。

2. 回乳药

（1）麦芽。为禾本科一年生草本植物大麦的成熟果实经发芽干燥而成，我国各地均产，可随时制备。以成熟大麦，水浸约一日，捞起篓装或布包，经常洒水至发短芽，晒干。

1）性味归经。甘，平。归脾、胃、肝经。

2）功能主治。消食和中，回乳。用于食积不化、消化不良、不思饮食、脘闷腹胀等，能助淀粉性食物的消化，尤适用于米、面、薯、芋等食物积滞不化者，常与山楂、神曲、鸡内金等配伍同用；脾胃虚弱而运化不良者，亦可在运用补脾益气药时，酌配本品，可使补而不滞。用于妇女断乳或乳汁郁积所致的乳房胀痛等，有回乳之功。

麦芽还可疏肝，如遇肝郁气滞或肝脾不和之证，可作为辅助药。

（2）芒硝。为含硫酸钠的天然矿物精制而成的结晶体。将天然产品用热水溶解，过滤，放冷析出结晶，通称朴硝或皮硝。再取萝卜洗净切片，置锅内加水与朴硝共煮，取上层液，放冷析出结晶，即芒硝。芒硝经风化失去结晶水而成的白色粉末称玄明粉（元明粉）。

1）性味归经。咸、苦，寒。归胃、大肠经。

2）功能主治。泻下，软坚，清热。用于实热积滞，大便燥结，能泻热通便，润燥软坚，常与大黄相须为用，以增强泻下热结的作用，如大承气汤、调胃承气汤。

用于咽痛、口疮、目赤及疮疡，多外用以清热。如治疗咽痛、口疮的冰硼散，即以玄明粉与硼砂、朱砂、冰片同用；治疗咽喉病的西瓜霜，是以芒硝置西瓜中制成；玄明粉化水，可用以滴眼，洗疮口。

用于治乳痈，可用芒硝外敷，以消肿块，亦可作回乳之用。

3）使用注意。孕妇忌用。

四、产后常用催乳药膳

我国常用的催乳药膳有汤、粥、煲等各种菜肴,不同地区之间产后饮食的传统差异较大,每个家庭也有不同习惯与讲究。如果哺乳母亲认为某些食物可以促进泌乳,增加乳汁,并且已知这些食物是安全的,可以鼓励她们食用。这样支持的态度,能充分尊重哺乳母亲,增加母乳喂养的信心。

1. 催乳汤

(1)当归生姜羊肉汤

1)主辅原料。羊肉 500 g,当归 50 g,生姜 60 g。

2)烹饪方法。将羊肉洗净、切块,用开水焯过,沥干水;当归、生姜分别用清水洗净,生姜切片;将生姜下锅内略炒片刻,再倒入羊肉炒至血水干,铲起,与当归同放砂煲内,加开水适量,武火煮沸后,改用文火煲 2~3 h,调味供用。

3)主要功效。温中补血、调经散寒。用于妇女月经不调、血虚经少、血枯经闭、痛经、经期头痛、乳胀、子宫发育不良、胎动不安、习惯性流产、产后腹痛、头晕、面色苍白等症。

4)营养价值。羊肉性温热,补气滋阴、暖中补虚、开胃健力,在《本草纲目》中被称为补元阳益血气的温热补品。

(2)丝瓜鲫鱼汤

1)主辅原料。活鲫鱼 1 尾(500 g 左右),丝瓜 200 g,植物油与动物油各半共 50 mL,葱、姜、盐、黄酒等调料适量。

2)烹饪方法。将鲫鱼洗净,去鳞、腮、内脏,背上剖十字花刀,丝瓜洗净切片;油热后将鲫鱼两面略煎后,烹黄酒,加清水、姜、葱等,小火焖炖 20 min;将丝瓜投入鱼汤,旺火煮至汤呈乳白色后加盐,3 min 后即可起锅。

3)主要功效。益气健脾、清热解毒、通调乳汁。

也可根据口味和习惯,将丝瓜换成豆芽或通草,同样可以起到催乳效果。

(3)芪肝汤

1)主辅原料。猪肝 500 g,黄芪 60 g,黄酒、盐等调料适量。

2)烹饪方法。将猪肝洗净切片,用湿抹布将黄芪揉擦干净,加水适量同煮;烧沸后加黄酒、盐等调料,小火煮 30 min。

3）主要功效。益气养阴，适宜气血不足之少乳者。

（4）鲫鱼猪蹄通草汤

1）主辅原料。活鱼1尾，猪蹄1只，通草3g，姜、葱、盐、麻油适量。

2）烹饪方法。将鲫鱼削鳞，去内脏，洗净；猪蹄洗净后切成两片，每片切成四块；将鲫鱼、猪蹄和通草一起加水3 000 mL，用旺火隔水炖至猪蹄熟透（1 h左右），加姜、葱、盐、麻油。

3）主要功效。滋阴、养血、通乳，适用于身体虚弱、乳汁缺少者。

（5）金针黄豆猪蹄煲

1）主辅原料。金针菜（黄花菜）30 g，黄豆60 g，猪蹄1只。

2）烹饪方法。金针菜洗净，黄豆泡涨，猪蹄洗净切成两半；锅内放猪蹄、金针菜、黄豆，加适量的清水，煲汤调味服食。

3）主要功效。通乳，促进乳汁分泌。

（6）瓜蒌仁鲢鱼汤

1）主辅原料。瓜蒌仁50 g、活鲢鱼1条。

2）烹饪方法。先把鲢鱼洗净，去鳞、去内脏，然后与瓜蒌仁一同熬煮成汤。可以少放些酱油，但不放盐，最好吃鱼喝汤一次吃完，每天喝1次，连续喝3天。

3）主要功效。瓜蒌仁具有催乳作用，鲢鱼有补虚、理气、通乳的功效，此汤对血虚引起的少乳有一定效果。

（7）猪骨通草汤

1）主辅原料。新鲜猪骨（腔骨、排骨、腿骨皆宜）500 g，通草6 g。

2）烹饪方法。洗净猪骨，放在锅里加上清水，与通草一同在锅里煮1~2 h，直至熬成1小碗猪骨汤，再放入少许酱油。1次喝完，连续喝3~5天。

3）主要功效。猪骨具有补气、补血、生乳的作用，加上通草后催乳效果更强。

（8）木瓜花生大枣汤

1）主辅原料。木瓜750 g，花生150 g，大枣5粒，蔗糖2~3块。

2）烹饪方法。木瓜去皮、去核、切块；将木瓜、花生、大枣和8碗水放入煲内，放入蔗糖，待水滚后改用文火煲2 h即可饮用。

3）主要功效。增加乳汁。

（9）甜醋猪蹄姜汤

1）主辅原料。猪蹄1只（斩件），冰糖1小块，生姜250 g，甜醋适量。

2）烹饪方法。猪蹄去毛后斩件，用滚水煮5 min；将生姜刮皮、拍裂，连同猪脚放入瓦煲中，加醋；煮滚后，改用文火煲2 h，下冰糖调味即成。

3）主要功效。用于产后血虚、食欲减退、手脚冰凉，可增进食欲、健胃散寒、温经补血。

（10）木瓜鱼尾汤

1）主辅原料。木瓜750 g，草鱼尾600 g，盐1茶匙，生姜3片，油1汤匙。

2）烹饪方法。木瓜去核、去皮、切块；起油锅，放入姜片，煎香鱼尾；木瓜放入煲内，用8碗水煲滚，再舀起2碗滚水倒入锅中，与已煎香的鱼尾同煮片刻，再将鱼尾连汤倒回煲内，用文火煲1 h，下盐调味，即可饮用。

3）主要功效。滋补益气，有通乳健胃之功效。

（11）猪蹄葱白煮豆腐

1）主辅原料。猪蹄1只，葱白2节，豆腐60 g，黄酒30 mL。

2）烹饪方法。将猪蹄洗净切开，与葱白、豆腐同放砂锅内加水适量，文火煮30 min，再倒入黄酒，加入量食盐，可下乳；或王不留行15 g，猪蹄2只，同炖，饮汤食用。

3）主要功效。适用于乳房胀痛，肝郁气滞，乳汁不通者。

猪蹄含丰富的蛋白质、脂肪、矿物质、碳水化合物、维生素、微量元素等，所含的天冬氨酸、谷氨酸、精氨酸等17种氨基酸具有滋阴补虚、滋润皮肤，增加血红蛋白，调节生理机能，促进创伤愈合等功能。女性分娩以后，既要恢复身体又需要哺乳婴儿，身体的内环境是不平衡的，一般采取缓补、温补的办法加以调节。猪蹄中的胶原蛋白所水解出来的多种氨基酸以及游离的多种微量元素，可以有效地协调这种调节作用，倘若在猪蹄汤中加上通草等催乳中药，催乳的效果非常显著。

2. 催乳粥

（1）虾米粥

1）主辅原料。虾米50 g，粳米100 g，熟猪油30 g，姜末、葱花、味精各少许。

2）烹饪方法。将虾米用温水泡发，洗净，粳米淘洗干净；锅内放入清水、粳米，旺火煮沸后，加入虾米，再改用文火煮至粥成，再加入姜末、葱花、精盐、味精、猪油，调匀即可。

3）主要功效。补肾壮阳，通乳开胃，适用于肾虚阳痿，虚寒怕冷，产后乳汁不下，胃口不开，宜于冬季食用。

（2）山药羊肉粥

1）主辅原料。山药250 g，净羊肉150 g，粳米100 g，葱花、姜末、精盐、胡椒面各少许。

2）烹饪方法。将山药冲洗干净，刮去外皮，切成块；羊肉漂洗干净，放入开水锅内煮至五成熟捞出，再改刀切块；粳米淘洗干净；锅内放入清水加入羊肉煮沸去沫；加入粳米煮至粥成，再将葱花、姜末、精盐、胡椒面加入即成。

3）主要功效。温补脾肾，益气养血，适用于产妇虚寒带下，产后虚冷，羸弱形寒，乳汁少。

3. 催乳菜品

（1）清蒸芪淮鸡

1）主辅原料。白条老母鸡1只，黄芪30 g，党参15 g，淮山药15 g，红枣15 g，黄酒50 g。

2）烹饪方法。将白条老母鸡洗净；将黄芪、党参、山药、红枣擦拭干净置入鸡肚；浇上黄酒50 g，隔水蒸熟。

3）主要功效。补脾健胃，可用于脾胃虚弱少乳者，2天内吃完。

（2）溜炒黄花猪腰

1）主辅原料。猪腰子500 g，黄花菜50 g，盐、油、糖、盐适量，生粉、姜、葱、蒜少许。

2）烹饪方法。将猪腰子剖开，去筋膜臊腺，洗净，切块；起油锅，待油至九成热时放姜、葱、蒜及腰花爆炒片刻；猪腰熟透变色时，加黄花菜（干黄花菜需温水发透、鲜黄花菜需水氽去毒），煸炒片刻，加水、生粉勾芡，加味精即成。

3）主要功效。补肾通乳，适合肾虚所致乳汁偏少者。

（3）金针炖猪肉

1）主辅原料。金针菜（黄花菜）（干100 g、鲜300 g），瘦猪肉150 g。

2）烹饪方法。金针菜洗净（干金针需温水发透、鲜金针需水氽去毒），将瘦猪肉切成薄片，一同倒入陶瓷罐内；用旺火隔水炖至瘦猪肉熟透。吃金针菜、瘦猪肉，喝汤，一般 5～7 次有效。

3）主要功效。清热、解毒、消炎，适用于因乳痈导致的乳汁不下。

（4）红参蒸鲫鱼

1）主辅原料。活鲫鱼 250 g，火腿 25 g，红参 12 g，虾仁 15 g，鸡汤、味精、葱、姜、胡椒粉少许。

2）烹饪方法。将活鲫鱼除去鳞及内脏洗净，放进沸水中氽一下；红参、虾仁用温水洗一下，将火腿洗净切片；将鲫鱼、红参、虾仁放入汤盆中，加拍碎的葱、姜掺入鸡汤，加少许盐上笼蒸熟。食用时拣去葱、姜，加味精、胡椒粉即可。

3）主要功效。补脾消肿，大补元气，适用于脾胃虚所致的食欲不振，消化不良，营养不良，气短神乏乳汁缺少等症。

（5）枸杞炖鲫鱼

1）主辅原料。枸杞 15 g，活鲫鱼 3 尾，香菜 6 g，葱、料酒、胡椒粉、姜末、食盐、味精、香油、猪油、清汤适量。

2）烹饪方法。将活鲫鱼除去鳞、内脏，洗净后在鱼身上斜切十字花刀；香菜切成段，葱、姜、蒜洗净后备用；将炒锅置旺火上放火花生油，烧至六成熟，下鲫鱼炸成金黄色，捞出去油；将炒锅置火上，放入猪油炒成枣红色，下炸好的鲫鱼，同时加枸杞、香菜、料酒、姜、葱、盐及适量清汤，烧开后移至文火上，待汤汁已浓、鱼已熟透时将鱼捞出，放在盆内，除去葱、姜；调入味精，烧开后撇去油沫，勾芡，淋上猪油，浇在鲫鱼上即成。

3）主要功效。滋补肝肾，补虚通乳，适用于肝肾虚所致头昏眼花、耳聋鸣和脾气虚所致的消化不良、食欲不振、产后缺乳等症。

（6）花生炖猪蹄

1）主辅原料。猪蹄 2 只，花生 200 g，盐、葱、姜、黄酒适量。

2）烹饪方法。将猪蹄洗净，用刀划口，加清水用武火烧沸去沫后，加入花生，再用文火熬至烂熟。

3）主要功效。滋阴通乳，对阴虚少乳者有效。